LA QUESTION

DES

SUCRES

CONSIDÉRÉE
AU POINT DE VUE SCIENTIFIQUE, ÉCONOMIQUE
ET INDUSTRIEL.

Par B. DUREAU.

Paris,
LIBRAIRIE SCIENTIFIQUE-INDUSTRIELLE
DE L. MATHIAS (Augustin), quai Malaquais, 15

Nantes,
LIBRAIRIE DE L. GUÉRAUD, PASSAGE BOUCHARD.

1847.

5

LA QUESTION

DES

SUCRES

CONSIDÉRÉE

AU POINT DE VUE SCIENTIFIQUE, ÉCONOMIQUE

ET INDUSTRIEL.

Par B. DUREAU.

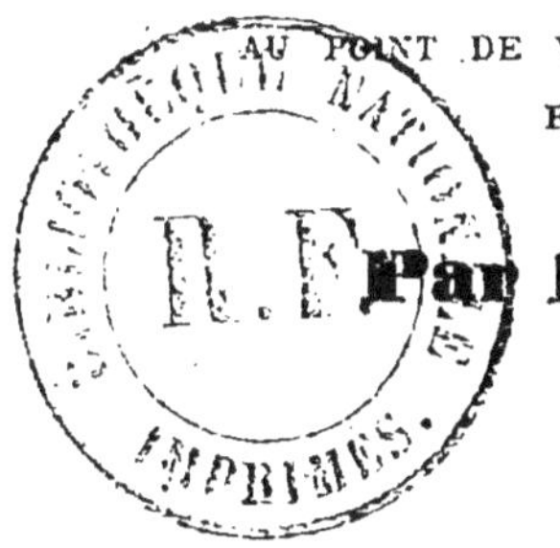

EXTRAIT DU NATIONAL DE L'OUEST.

NANTES,

IMPRIMERIE DU COMMERCE, V. MANGIN,

Quai de la Fosse, 25, et rue des Capucins.

1847.

LA QUESTION
DES SUCRES

CONSIDÉRÉE

AU POINT DE VUE SCIENTIFIQUE, ÉCONOMIQUE
ET INDUSTRIEL.

Par B. DUREAU.

I.

Sa situation actuelle. — Nature du sucre. — Quel est le
meilleur, le type du véritable sucre?

La plupart des questions économiques portent
plus ou moins le cachet de l'impuissance et de
l'empirisme de la science dont elles relèvent ;
science du fait accompli dans ce qu'il a si souvent
d'anormal et de subversif, et non des lois scientifiques et rationnelles de la production. Si l'économie politique évite avec soin tout contact philosophique, elle professe souvent le même dédain
pour la vérité scientifique. C'est ainsi qu'elle
laisse les questions les plus graves sans espoir de
solution : celle qui nous occupe est une des trop
nombreuses preuves de ce que nous avançons.

Il se fait en ce moment plus de bruit que jamais autour de la question des sucres ; chacun hésite entre les deux produits rivaux des colonies et de la métropole, ne sachant, l'esprit troublé par les faits accomplis, pour lequel se prononcer. Que la suprématie soit pour l'un ou pour l'autre, chacun en reconnaît la nécessité, et l'existence simultanée et indéfinie des deux sucres est enfin considérée comme impossible et dangereuse au suprême degré. La difficulté n'est point dans le principe, elle est dans la solution. D'un côté, on invoque l'intérêt puissant de la marine marchande et militaire, et l'avenir de nos colonies ; de l'autre, on oppose l'indépendance nationale dans l'ordre matériel, et la liberté individuelle dans l'industrie, qu'après tant de saintes et laborieuses conquêtes il n'est plus permis de violer. Où est la vérité ? où est la véritable solution ?

Nous allons sortir des voies ordinaires de l'argumentation en matière économique. Qu'il nous soit donc permis de faire une excursion dans le domaine des sciences naturelles, et d'exposer succinctement la nature et le rôle de l'intéressant produit qui nous occupe. Les chimistes donnent le nom de sucre à toute matière organique, solide ou liquide, douée d'une saveur douce, soluble dans l'eau, beaucoup moins dans l'alcool, et présentant, dans des conditions de désorganisation données, des caractères particuliers, tels qu'une production abondante d'alcool et d'une certaine quantité d'acide carbonique.

Que la physiologie chimique se contente de cette définition pour reconnaître l'identité d'un sucre quelconque, il n'y a rien là qui nous étonne ; mais elle ne peut et ne doit suffire ni au

producteur, ni au consommateur, au premier surtout. Que lui importent, au point de vue de la
science pure, les propriétés chimiques du sucre?
Ce qui lui importe, c'est de savoir si la longue
série de ce principe immédiat de tant de végétaux
présente dans tous ses membres, non des propriétés de laboratoire trouvées absolument sem-
blables dans le creuset et la cornue, mais bien des
conditions d'extraction et d'exploitation plus ou
moins rationnelles et économiques; ce qui lui
importe, c'est de savoir si toutes les variétés de
sucre depuis le jus de la *cannamelle* jusqu'à celui de
l'*agaricus volvaceus*, conviennent au même degré
aux justes exigences du *consommateur*, ce souve-
rain de l'industrie qui fait et fera toujours la loi
du bon goût et du bon marché. Il faut avouer que
l'on ne s'y conforme pas toujours, car de combien d'aberrations scientifiques et industrielles le
goût du public n'a-t-il pas fait justice! On peut
l'exploiter, le dépraver même, mais non le cor-
rompre indéfiniment : voyez donc si le bouillon
économique, cette fantaisie philantropique d'un
savant chimiste, a laissé autre chose que le ridicule? Et de bien d'autres.

On trouve le sucre dans une foule de végétaux ;
les plantes les plus vulgaires en contiennent une
certaine proportion. Il existe dans la plupart des
fruits mûrs, dans un très-grand nombre de racines, dans la jeune tige des graminées; on le
trouve en abondance dans le jus de la canne à
sucre, dans la plupe de la betterave, dans la sève
de l'érable, du tilleul, dans plusieurs navets et
patates, dans la racine d'althée, le pectaire de
plusieurs fleurs, les tubercules du lathyrus tube-
rosus, dans les champignons, le blé ergoté, etc.

Le raisin en contient une quantité assez grande
pour que Napoléon , lors du blocus continental,
tentât sérieusement d'en tirer parti. -Enfin , il
n'est pas jusqu'à l'herbe des prairies qui n'en
renferme une portion assez abondante que les ru-
minants s'assimilent, et qui se retrouve dans le
lait qu'il faudrait moins sucrer pour nos usages
domestiques s'il était moins frélaté par les lai-
tières. Le sucre , en un mot , est répandu dans
toute la nature avec la plus abondante profusion ;
presque toutes les plantes en recèlent plus ou
moins, soit d'une manière permanente, soit à un
moment donné de leur existence, et la prévoyance
divine semble avoir pris soin de le mélanger en
proportion convenable dans une partie des produits naturels qui servent à notre nourriture.

Les savants auraient pu se borner à nous faire
connaître cette sublime prévoyance de la nature
et cette grande loi primitive de l'alimentation qui
en est le corollaire, loi qui implique si notoire-
ment l'emploi du suere à l'état concret, sans nous
imposer en quelque sorte l'obligation d'extraire
et de consommer la moindre veine saccharifère
que l'analyse leur fait rencontrer dans la sève
d'un végétal d'une zone quelconque. S'il nous
était permis de les appeler au tribunal de l'industrie, devant un conseil œcuménique de produc-
téurs, nous les accuserions de n'avoir pas déter-
miné le pivot de cette longue série de matières
sucrées. L'accusation est claire. Parmi toute cette
famille de sucres, quel est le meilleur, le plus
nutritif, le plus agréable? Quel est l'archétype du
sucre, le sucre idéal, en un mot ? Est-ce le sucre
de betteraves, de cannes ou de champignons ?
Jusqu'à présent, on a répondu qu'ils étaient iden-

tiques dans leur composition, également bons, et que le sucre indigène, pour le goût, ne le cédait en rien au sucre exotique ; que les chimistes n'en faisaient, une fois raffinés, aucune différence ; et, en effet, ils ont en cet état la même apparence, les mêmes propriétés, les mêmes caractères ; ils sont, qu'ils viennent de Lille ou des Antilles, solubles dans l'eau, beaucoup moins dans l'alcool, produisent de l'alcool, etc., etc... Et c'est ainsi qu'on fait de la science et de l'industrie ! Et c'est ainsi que les erreurs les plus flagrantes courent le monde et les écoles ! Devant le sauf-conduit que la science officielle leur délivre, tout le monde s'incline, et l'économie politique, sans en demander davantage, est la première à dire : Laissez faire, laissez passer.

La cause de l'erreur que nous signalons, erreur qui porte une obscurité si profonde dans la question, la voici : Le type actuel du sucre, c'est le sucre blanc raffiné livré par les raffineurs de la métropole. Eh bien ! nous prétendons que ce n'est là qu'une dégénérescence du sucre primitif, préexistant dans l'*arundo saccharifera*, et que prendre ses qualités, tout estimables qu'elles soient, pour types, c'est se fausser singulièrement le goût. Le sucre typique, le pivot de la série, le véritable *saccharam*, n'existe guère que dans le jus de la cannamelle, ne se produit que sous le ciel brûlant de la zône torride, et pour le connaître, le goûter, l'apprécier, c'est au moment où il s'épand des entrailles de la canne brisée sous la pression du moulin, qu'il faut s'en emparer. C'est alors que le doux jus de cette belle plante contient un arôme, un bouquet, un goût *sui generis* dont nous n'avons pas l'idée. La fermentation lui enlève une partie de ses excellentes et agréables qualités, une fabrication barbare lui enlève le reste. Et ce délicieux produit de la cannamelle altéré par les travaux de la sucrerie, par le soleil des tropiques, par la longueur du trajet, arrive en Europe dans un état de décomposition déplorable, passe dans les chaudières des raffineurs où il subit encore de nouvelles modifications, et sert ensuite de type à tous les chimistes et à tous les économistes de France et de Navarre ! Etonnez-vous donc que le sucre de betteraves triomphe et se pique d'emporter la palme des qualités, du prix et du goût !

Ah ! nous espérons que le véritable sucre sera un jour connu, et que dès lors la question de suprématie ne sera pas longtemps pendante. Dans toute cette agitation, il ne s'agit jusqu'à présent que d'intérêts privés et du respect que l'on doit, dit-on, aux faits accomplis. La raison mercantile doit-elle donc être toujours la première, et l'empirisme industriel longtemps triompher ? Cela est impossible. Il faut que la raison scientifique l'emporte ; il faut que le sucre, ce pain du nouveau-monde, soit puisé aux sources les meilleures, les plus abondantes et fabriqué dans les meilleures conditions d'économie, afin de descendre chez les masses à la portée de la bourse de tous les consommateurs. Il ne convient qu'à un régime industriel anarchique, désorganisé comme le nôtre, d'aller demander cet excellent produit des tropiques à une racine légumineuse des zônes tempérées, dont on ne l'obtient qu'à force d'engrais, de machines, de bras, et par une protection qui ruine le trésor. On parle d'organiser le travail ; mais que ne parle-t-on aussi d'organiser l'industrie dans ses rapports avec la nature et la science en général? Certes, nous trouvons impie et condamnable le dédain et l'exploitation des bras ; mais nous trouvons absurde et dangereux le dédain des lois scientifiques et naturelles de la production. Si la liberté de produire devait nous conduire au mépris des véritables conditions de l'art, il n'y aurait rien de plus incomplet que cette liberté-là.

Qu'on nous dise donc si le champ de notre industrie doit être limité par les rochers et les dunes de notre littoral, ou s'étendre jusque dans les savanes qu'éclaire le beau ciel de l'équateur ? Qu'on nous dise donc si nous n'aurons plus le droit de cultiver ces vastes champs où brillent les panicules argentées de la canne à sucre, cette belle graminée du nouveau-monde, sœur par son utilité, son agrément et l'étendue de sa culture, de cette autre graminée qui fournit des céréales au vieux continent ?

Nous croyons avoir fait ressortir combien peu l'industrie sucrière de la métropole est en accord avec les théories de la science, le goût du consommateur et les principes de l'esthétique industrielle. Peut-être n'avons-nous pas été assez explicites pour ceux qui sont peu familiarisés avec la fabrication du sucre de betteraves. Qu'ils sachent donc que non-seulement le jus de cette racine ne renferme pas le quart du sucre contenu dans celui de la canne, mais qu'en outre il y entre un mélange hétérogène de matières désagréables d'odeur et de goût qu'il est impossible d'éliminer complètement. Les sucreries, les raffineries indigènes exhalent l'odeur âcre et pénétrante d'une huile essentielle qui reste comme une marque indélébile dans les produits de dernier jet et finalement dans la mélasse ; aussi ce résidu n'est-il employé que par la distillation. Cet emploi même est une source des plus grands embarras, car nous avons calculé que s'il était donné au sucre de betteraves de fournir à la consommation de toute la France, la quantité d'alcool obtenue par la distillation de la mélasse, produit de la fabrication, ne serait pas au-dessous de 50 millions de litres !..... Qu'en diraient les propriétaires des vignobles du Midi ? Les raffineurs de Bordeaux, en tendant la main au sucre indigène, ont-ils pensé à la concurrence formidable qu'ils élevaient aux 3/6 dont leur ville est le grand entrepôt ?

II

Rôle du sucre dans l'économie animale. — Loi de sa consommation. — Les 3/6 du Midi et les 3/6 du Nord.

Nous avons dit que le sucre se trouvait pour
ainsi dire dans toutes les plantes ; nous devons
en conclure *à priori* que cette substance joue, à
titre d'aliment ou de condiment, un rôle important dans les fonctions de la nutrition. On a beaucoup expérimenté sur les propriétés nutritives
du sucre, mais chaque expérimentation a fait
naître une erreur, parce que le sucre était introduit dans les voies alimentaires seul, comme
aliment, et non tel que la nature veut qu'il le
soit, c'est-à-dire mélangé dans une proportion
déterminée avec les aliments ordinaires. Néanmoins on a vanté ses propriétés comme aliment,
on a rapporté des exemples de longévité attribués
à son usage, on a cité le roi de Cochinchine qui
entretient une garde de cent hommes que la loi
oblige de manger des cannes à sucre tous les jours
pour entretenir leur embonpoint. Nous nous contentons de faire une remarque qui n'est pas sans
importance et qui peut jeter un certain jour non-
seulement sur les propriétés nutritives du sucre,
mais encore sur l'importance de son emploi
comme produit manufacturé dans un avenir peut-
être peu éloigné.

Le sucre étant répandu dans tous les végétaux
qui servent à notre subsistance, les peuples ac-
coutumés au régime végétal trouvant ce produit
dans la nature même, le besoin du sucre pal-
pable, concret, *condensé*, doit être bien moins
sensible, si non tout-à-fait inconnu. Que se passe-

t-il donc alors chez les peuples dont la viande est le principal élément de subsistance, comme les Anglais et en général toutes les populations agglomérées dans les villes et vouées aux travaux de l'industrie manufacturière? Il se passe quelque chose de singulièrement providentiel et qui les fait rentrer plus ou moins dans les conditions normales de l'alimentation dont ils paraissent s'être tant écartés : le sucre, ce condiment natu-rel, ne pouvant plus leur parvenir dans le suc ou le fruit des végétaux parvient dans les voies alimentaires sous une autre forme, c'est-à-dire à l'état concret, extrait, travaillé par la main humaine.

L'industrie devient une seconde nature. Aussi les populations dont nous parlons, célèbres entre toutes par les exigences de leur estomac, se créent mille besoins qui nous semblent artificiels, mais dont la satisfaction, cependant, atteint admirablement l'intention du créateur, en rétablissant l'équilibre dans les lois de l'alimentation. Ils se font, disons-nous, une nécessité impérieuse du thé, du café, et de boissons fermentées dans lesquelles le sucre entre dans une très-grande proportion : le sucre qu'ils ne s'assimilent plus par la voie des plantes, ils le demandent à l'industrie, aux bras, à l'intelligence, au soleil d'un autre monde. C'est ainsi que l'équilibre se rétablit et que l'homme compense, au milieu des exigences de l'activité industrielle, les avantages, les bienfaits du régime alimentaire végétal.

Ce sujet nous rappelle certains déclassements des populations britanniques qui viennent corroborer cette opinion, à savoir que les peuples,

les continents, les zônes sont solidaires dans le champ de la production, et que l'on s'abuse étrangement en proclamant l'excellence d'un système industriel morcelé, fédéral, solitaire, qui tendrait à les désunir et à les séparer. Tout le monde sait dans quelle proportion inégale les habitants de l'Angleterre sont distribués sur le sol, et quelle faible quantité de bras son agriculture occupe. C'est à ce point qu'en Toscane, par exemple, la population rurale y est de 4 à 500 par mille carré, tandis qu'en Angleterre elle n'y est que de 21 ; mais ce que l'on sait moins, c'est que naguère il n'en était point ainsi ; c'est que les habitants du royaume britannique ont été éloignés *(removed)* du sol natal par le procédé qui s'appelait le nettoiement d'un domaine *(clearing of an estate)*. Ce déclassement était la conséquence du changement de culture et de la substitution des prairies aux céréales qui, comme on le sait, occupent un grand nombre de bras. Goldsmith nous en donne un tableau touchant dans son *Village abandonné*, et Walter Scott arrache des larmes quand il nous peint, dans la légende de Montrose, la douleur des Gaëles, cette vieille race celtique abandonnant ses montagnes, cherchant un refuge au delà de l'Atlantique et laissant à un *southland farmer*, à trois bergers et à six chiens, le vieux sol natal, le cottage héréditaire de leurs pères. — La marquise de Strafford se fit le plus remarquer dans ce déclassement barbare de laboureurs amenés par un changement inopiné du système de culture, changement qu'aucun but d'intérêt général ne pouvait justifier, mais qui servait admirablement les goûts de luxe de certains possesseurs de fiefs. En

1810 et 1820 , 15,000 tenanciers furent chassés des vastes domaines de la marquise de Strafford et remplacés par 131,000 moutons !

Depuis que l'Angleterre a ainsi changé son système de culture et remplacé ses laboureurs par des bergers; depuis qu'elle a en partie abandonné le régime végétal, elle est devenue de plus en plus avide de productions coloniales, et par conséquent tributaire de l'industrie agricole d'un autre monde. Le régime si fortement substantiel imposé à ses habitants par leur activité physique et leur agglomération sur un petit nombre de points, lui impose aussi d'occuper sur la terre étrangère les malheureux qu'elle chassa jadis de son sein. Ceux-là ou d'autres, elle emploie leurs bras, solde leur travail, leur porte ses richesses : tout n'est pas perdu pour l'humanité. Voilà pour la raison philosophique ; mais de là à la raison politique et commerciale, il n'y a qu'un pas, qu'une conclusion, et la voici : toutes nations continentales marchent plus ou moins rapidement, mais enfin marchent dans la voie industrielle ouverte par l'Angleterre ; toutes cherchent les jouissances du luxe et l'économie des bras ; la population rurale de nos campagnes se dirige vers les villes avec une vitesse accélérée que rien ne peut arrêter. En un mot, pour conclure au sujet qui nous occupe, tout système manufacturier nous conduit au régime alimentaire animal. Les résultats, au point de vue des conditions de l'alimentation, seront donc, tout en tenant compte de la diversité des climats, à peu près les mêmes que de l'autre côté du détroit, et la consommation devra nécessairement atteindre partout le même chiffre. Or, ce chiffre est considérable.

En Angleterre , en Hollande , en Belgique , en Suisse, la viande de boucherie est à très-bas prix; dans tous ces états si éminemment producteurs et qui développent à un si haut degré l'activité industrielle , le travailleur peut en faire sa nourriture ordinaire, et , en effet, la quantité de viande qui s'y consomme nous paraît fabuleuse. Eh bien , la consommation du sucre y est dans la même proportion et n'est pas moins de 12 kilog. par tête, tandis qu'en France, où la consommation de la viande va toujours en décroissant depuis un demi-siècle, où 25 millions d'habitants se nourrissent de pain noir, de pommes de terre , de galettes de sarrasin, de maïs , de châtaignes , et de laitage, la consommation annuelle n'est que de 4 kilog. par tête.

Comme on le voit , la différence est énorme et nous sommes loin encore de ce luxe dans l'emploi du sucre , dont nos voisins d'outre-Manche et du continent nous donnent l'exemple. Cette différence, il faut le dire, ne tient pas seulement à la nature opposée des aliments, elle tient aussi à la réduction des droits d'entrée et à la richesse des colonies à sucre anglaises et hollandaises. Néanmoins nous avons tout lieu de croire qu'il y aura parité un jour, et ce n'est pas trop avancer que de supposer le chiffre de 500,000,000 de kilog. à la consommation normale de la France avant dix ans peut-être. N'oublions pas que la facilité des transports et la rapidité des communications devront y contribuer autant que l'abaissement du tarif des douanes et les progrès ultérieurs de la fabrication, et que ce produit , si rare autrefois, parviendra jusqu'aux points les plus éloignés des grands centres de production ;

n'oublions pas aussi que l'usage des confitures tend à se généraliser, que le café entre de plus en plus dans nos habitudes et que cette excellente fève dont Mme de Sévigné disait tant de mal, est aujourd'hui l'aliment favori du riche et du pauvre. Le sucre en est la base et la diminution des droits d'entrée sur ces deux denrées coloniales devra en augmenter simultanément la consommation.

En résumé, le sucre est un aliment dont il est aussi difficile de se passer que de pain; sa consommation suit une marche ascensionnelle en rapport avec les progrès de la civilisation en général, et surtout de l'industrie. Il faut donc le mettre à la portée de tous et le puiser aux meilleures sources.

Nous avons vu que le sucre de cannes était incontestablement le meilleur, et que l'égalité de qualité et de goût que l'on suppose entre lessucres indigènes et exotiques est l'erreur laplus profonde, erreur dont la cause consiste presque tout entière dans le vandalisme de la fabrication coloniale.

Nous ajouterons que la culture de la betterave occupe une portion notable des terres à céréales, et occasione un déficit assez important dans le chiffre de la récolte. Vienne une année de disette, vienne le triomphe de la betterave, vienne une guerre maritime, nous aurons du sucre, mais nous n'aurons pas de pain.

D'un autre côté, la mélasse d'une masse de sucre indigène comme celle qu'il faudrait à la France, ne produirait rien moins que 150 millions de litres d'alcool!... Qu'en fera-t-on? Que diront les distillateurs du Midi, surtout si les chimistes du Nord prouvent, et ils le prouveront, que l'esprit de betterave est identique à l'esprit de vin?

III.

Historique du sucre. — Origine de son commerce. —
Transmigrations de la canne.

Après avoir parlé du sucre en soi-même et
dans ses rapports avec nos usages et nos besoins,
nous allons en tracer brièvement l'historique,
commençant par le plus anciennement connu,
celui que l'industrie demande à la canne et que
celle-ci prodigua toujours sous des climats divers
et dans des conditions de fabrication parfois pri-
mitives jusqu'à la barbarie.

Le sucre fut connu des anciens, non raffiné,
cristallisé, en morceaux solides et brillants comme
le sucre classique que nous consommons aujour-
d'hui, mais en moscowade, moitié solide,
moitié liquide, et ayant du miel l'apparence et le
goût. La cannamelle fut la première plante qui
servit à l'extraction du sucre, et cette plante, qui
ressemble tant au roseau, croissait dans ces contrées de l'Asie qui offrirent aux regards émer-
veillés des soldats d'Alexandre une si luxuriante
végétation et de si grandes richesses. Cependant
il n'est question nulle part de l'*arundo saccharifera*
dans les biographies du conquérant macédonien,
et l'utilité de la canne à sucre resta longtemps à
peu près inconnue des Européens. La Grèce, qui
aimait tant le miel du mont Hymette, ne fit qu'en-
trevoir le sucre, et la pâtisserie attique, si célèbre
par son goût exquis, ne fut jamais relevée par ce
précieux condiment.

Quoi qu'il en soit, il paraît prouvé que la canne
à sucre est originaire des Indes-Orientales et non
du Nouveau-Monde, comme on le croit assez gé-

néralement. Cette opinion, du reste, est corroborée
par une découverte archéologique assez récente.
M. de Humbold a trouvé sur d'anciennes porce-
laines chinoises l'image des travaux de l'extraction du sucre, et ces peintures annoncent que
cette fabrication remonte dans le Céleste-Empire
à une très-haute antiquité. Elles n'indiquent pas
une grande perfection dans les procédés manufacturiers : les raffineurs chinois en sont encore à
déféquer le veson allongé qu'ils achètent aux
cultivateurs avec la cendre des feuilles de Musa.
Ces moyens surannés du premier âge , cette ru-
desse native de l'industrie orientale ne disparaîtra
qu'au souffle de l'esprit européen. Quel beau
champ de bataille pour les pionniers de notre industrie, surtout si, comme on l'assure, la houille
se trouve en abondance sous le vieux sol des man-
darins.

La canne à sucre est donc originaire des Indes-
Orientales, et, comme nous l'avons déjà dit, son
excellent suc ne fut pas tout-à-fait inconnu de
l'antiquité. Les Grecs le désignaient sous le nom
de sel indien, et Archigène, qui exerçait la médecine sous le règne de Néron , le compare, pour les
propriétés physiques, au sel ordinaire, et pour la
saveur , au miel. « Dans l'Inde et dans l'Arabie-
» Heureuse, dit Dioscoride, on donne le nom de
» sucre à une espèce de miel solide, produit par
» des roseaux; sa forme lui donne l'apparence du
» sel » Ces caractères nous feraient supposer que
l'antiquité ne s'est pas élevée au-delà du sucre de
raisin , ce produit insipide, qu'une velléité impériale manqua de nous imposer. Théophraste
parle aussi lui d'un suc extrait du roseau, et Sé-
nèque, qui possédait des connaissances géogra-

phiques dont il manquait rarement l'occasion de faire parade, a écrit quelque part : « On dit que les Indiens recueillent une sorte de miel sur » les feuilles des roseaux, soit qu'il s'y trouve » déposé par la rosée du ciel, soit qu'il pro-» vienne du suc doux et épais du roseau même. »

Lucain, l'auteur de la *Pharsale*, faisant, à la manière d'Homère, l'énumération des soldats de Pompée, ne manque pas de rappeler leurs différentes patries, et dit en parlant des Indiens : « Ceux-ci s'abreuvent des sucs doux d'un faible » roseau. » Ce roseau, c'était la cannamelle.

Nous croyons inutile de multiplier les preuves et d'entasser les citations. C'est un point de fait que les anciens connaissaient le sucre, mais comme produit immédiat, spontané, c'est-à-dire le suc épaissi et fermenté de la cannamelle, une exsudation mielleuse qui n'était employée qu'en médecine et qui n'avait aucune ressemblance physique avec le sucre blanc raffiné, condensé, de l'industrie moderne ; c'est aussi un point de fait que si le sucre de canne a une plus grande valeur absolue, scientifique, intrinsèque, il est aussi le premier dans l'ordre chronologique et s'appuie sur la tradition. C'est quelque chose. Qu'on fasse l'histoire des plantes alimentaires, qu'on cherche l'origine de leurs produits, et l'on reconnaîtra que l'instinct des peuples les trompe rarement sur la nature de leurs besoins et dans le choix des aliments qui leur conviennent. Le choix du sucre de canne a été instinctif, spontané, dicté par la nature même, et il faut avoir l'esprit singulièrement faussé par les préjugés pour douter de sa supériorité sur ces productions bâtardes, hétérogènes, sans goût ni parfum, décorées du nom de sucre, que nous allons chercher dans les raves, les citrouilles et les tubercules de nos potagers !

Le sucre, à peine connu des anciens, ne fut introduit que très-tard en Europe; la manière dont il y passa, ainsi que la culture de la canne elle-même, ne laisse pas que d'être obscure. Néanmoins, il paraît à peu près certain que les premiers sucres d'exportation partirent de l'Archipel Indien et du royaume de Siam et de Cochinchine. Dans le cours du treizième siècle, des caravanes d'indiens apportaient de la presqu'île du Gange, aux marchands européens qui les attendaient à Ormus, des épiceries, du gingembre et du sucre. Marco-Paolo, célèbre voyageur qui à cette époque parcourait l'Asie, instruisit ces marchands par son exemple, et ceux-ci, dans l'espoir d'enlever aux Indiens le monopole du sucre qu'ils leur achetaient à si haut prix, pénétrèrent dans le pays et en rapportèrent la canne qui, par leurs soins, ne tarda pas à se propager en Arabie, en Egypte, en Nubie et en Ethiopie.

Toutefois, l'usage du sucre chez les Occidentaux s'était établi longtemps avant les transmigrations de la canne; mais comme il fallait que ce produit, pour arriver au consommateur, passât par toute une série d'intermédiaires, comme il avait, une fois sorti du port de l'Inde, à traverser le golfe Persique, le désert, la Mer-Rouge, pour arriver par le Caire au littoral de la Méditerranée, son usage s'introduisit avec lenteur, et son commerce ne prît une véritable importance qu'après les conquêtes des Arabes ou Sarrazins. Devenus maîtres des îles de Rhodes, de Crète, de Chypre et de la Sicile, ils y introduisirent la canne a sucre et y portèrent sa culture à un certain degré de perfection. Ils naturalisèrent aussi la canne en Espagne dans les royaumes de Valence, de Grenade, d'Andalousie et de Murcie, qui étaient tombés au pouvoir de leurs armes. L'esprit industriel chez les Maures était très-développé ; sous leur intelligente direction, la fabrication du sucre acquit en Espagne une grande importance, les procédés agricoles et manufacturiers s'améliorèrent : possédant de grandes connaissances chimiques, ils trouvèrent la défécation par l'emploi des alcalis, ils inventèrent aussi la forme conique. Les plantations acquirent donc dans la Péninsule une grande étendue et s'y conservèrent jusqu'au milieu du XVIIIe siècle. Quelques-unes existent encore, et il se fait en ce moment, particulièrement dans la province de l'Andalousie, de louables efforts pour la régénérer.

Vers le XIIe siècle, les commerçants vénitiens qui faisaient le trafic du sucre, le trouvaient à meilleur marché en Sicile qu'en Egypte ; et en effet, dès l'an 1148 on en récoltait une assez grande quantité dans cette île. Le droit de le fabriquer fut octroyé aux Juifs, et un historien parle d'une donation faite par Guillaume de Sicile au couvent de Saint-Benoît, à savoir d'un moulin à écraser la canne à sucre avec tous ses droits, ouvriers et dépendances. C'était l'antique moulin vertical dont on se sert encore dans beaucoup de nos colonies, moulin peu avide et dont les dents paresseuses laissent passer dans la bagasse assez de sucre pour défrayer le déjeûner de tous les indigents du royaume, puisqu'on n'estime pas a moins de 30 0/0 la quantité de sucre qui reste dans le ligneux de la canne une fois passée au moulin..... Et on s'endort sur un pareil gaspillage !.... Nous verrons plus tard s'il y a nécessité ou impéritie.

Les croisades contribuèrent beaucoup à répandre le goût et l'usage du sucre en Occident ; dans la terre sainte, les soldats chrétiens manquant de vivres, eurent recours plus d'une fois à des cannes à sucre qu'ils suçaient pour subsister. Il est hors de doute que l'industrie sucrière doit une partie de sa grandeur aux prédications fougueuses de Pierre l'Ermite. Elle ne doit pas moins à l'activité, à l'énergie, à l'étendue de la navigation venitienne. De plus, les Vénitiens furent les premiers qui raffinèrent le sucre, et ce fut sur les bords de l'Adriatique que l'on vint chercher d'abord les procédés de raffinage qui se repandirent ensuite dans toute l'Europe.

Au commencement du quinzième siècle, les Espagnols et les Portugais portèrent des plants de canne aux Canaries et à Madère, et bientôt le sucre de ces îles fut reconnu le meilleur et le plus beau. Quand nous disons le plus beau, c'est par comparaison ; le sucre dont nous parlons était une masse noirâtre, visqueuse, imprégnée de mélasse, et portant visiblement l'action désorganisatrice du feu et des alcalis dont on le saturait sans mesure. Toutefois, il l'emportait sur celui d'Arabie et d'Egypte fabriqué dans des espèces de châteaux, dont il sortait noir comme le jus de réglisse des Calabres.

Les Portugais portèrent aussi la canne dans l'île de Saint-Thomas ; mûrie par les feux de l'équateur, elle y réussit admirablement, et en

1520 cette petite île ne produisait pas moins de 2,300,000 kilog. de sucre.

Les transmigrations de la canne ne s'arrêtèrent pas là. Vers le milieu du seizième siècle, on en introduisait la culture en Provence. Les plants furent apportés des Canaries et de Madère. Olivier de Serres la cultiva avec succès au Pradel, en Languedoc; mais le froid contraignit bientôt d'en abandonner la culture en France, et on ne tarda pas à s'apercevoir que, pour en obtenir un sucre manufacturier, marchand et de bas prix, il eût fallu la préserver des intempéries de notre zône et des vents glacés dont le Midi de la France ressent parfois l'atteinte. Les tentatives de culture furent reprises après la révolution française, alors que les mers nous étaient fermées et que le sucre ne venait en France qu'après avoir été pris à l'abordage ; mais on ne fut pas plus heureux que la première fois : les cannes ne poussèrent pas mal, mais on ne put réussir à en obtenir du sucre cristallisable. Les essais furent abandonnés à jamais, et ceux qui les entreprirent restèrent persuadés que, pour fabriquer du sucre de canne en France, il faudrait faire de la Provence une immense serre-chaude. Pendant ce temps, la betterave, partie de Berlin sous la recommandation de M. Achard, frappait aux portes de l'Institut.

IV.

Christophe Colomb, vers la fin du XV° siècle, découvrit Saint-Domingue; cette île, connue alors sous le nom d'Hispaniola, devint bientôt une des plus puissantes colonies à sucre. En 1506, la canne y fut transplantée, sa culture y prit une rare extension, et douze ans après Hispaniola comptait déjà 28 sucreries. Le nombre en augmenta rapidement; l'exportation de leurs sucres suivit la même progression, et Charles-Quint fit bâtir les palais de Madrid et de Tolède avec le produit du droit d'entrée sur ces sucres. La prospérité d'Hispaniola porta le dernier coup aux plantations d'Espagne, et l'industrie sucrière des Maures ne s'en releva plus. Les eaux du Guadalquivir ne transportent plus les récoltes, et l'herbe pousse dans les canaux d'irrigation pratiqués par les Arabes.

En 1789, il y avait à Saint-Domingue, devenue possession française, 723 sucreries qui produisaient 120 millions de kilog. de sucre brut. On sait qu'en 1792 les colons français furent forcés de l'évacuer, et que depuis cette époque la production du sucre dans cette île alla toujours en décroissant.

La culture de la canne se propagea sur quelques points de l'Amérique du Sud; mais c'est surtout au Brésil qu'elle acquit de l'importance, et cette importance était telle que les Portugais approvisionnèrent seuls l'Europe pendant la fin du XVe siècle et une partie du XVIe. Ce monopole, réuni au commerce de l'Inde, leur échappa lorsque le Portugal, par la mort du roi Sébastien, tomba sous le joug de l'Espagne. Cependant, les nations européennes qui avaient des comptoirs dans les Indes-Occidentales, cherchant un remède à la pléthore qui les étouffait, pensèrent au sucre comme à un fonds inépuisable de commerce et de richesses. La culture de la canne, quoique conservée dans les Antilles espagnoles, n y avait pas alors une très-grande importance. La Jamaïque produisait peu, car lorsque les Anglais s'en emparèrent ils n'y trouvèrent que trois sucreries. Le nombre en augmenta rapidement, et cette île est aujourd'hui une des plus riches colonies à sucre de la Grande-Bretagne.

A la Barbade, la fabrication prit une grande extension; vers 1780, 400 navires y chargeaient du sucre pour l'Europe; à Cuba et à Porto-Rico, la production reçut la même impulsion; en 1775, la Martinique, la Guadeloupe et la Guyane, qui aujourd'hui nous expédient la plus grande partie de notre approvisionnement, n'apportaient ensemble pas plus de 22,000,000 de kilog. Cette quantité, importante pour l'époque, avait fait baisser graduellement les sucres du Brésil, que les Anglais, avant la prospérité de leurs colonies, payaient aux marchands de Lisbonne jusqu'à 2 fr. 50 c. le kilog. Il ne valut plus que 80 c.

Voilà un fait de concurrence que nous prenons entre mille, qui réfute péremptoirement ce banal argument des économistes betteraviers, derrière lequel ils se retranchent pour défendre, disent-ils, les intérêts du consommateur. Nous voulons parler de la compétition des sucres coloniaux et indigènes sur le marché français. Les défenseurs de la betterave attribuent le bienfait de l'abaissement successif des prix à la position belligérante des deux sucres et à leur présence simultanée en face de la consommation ; ils semblent croire que, sans Margraff, Achard et Mathieu de Dombasle, les colons rançonneraient la France et lui feraient payer le sucre 6 fr. la livre, comme si depuis longtemps les sucres de toutes les possessions européennes n'étaient pas aux prises, comme si la concurrence internationale n'avait pas suffi et ne suffisait pas encore pour réduire la valeur vénale de cette denrée à sa dernière expression, à ses plus basses limites. Le fait que nous venons de citer en est une preuve irréfragable ; ajoutons que la concurrence des Antilles avec le Brésil avait pareillement amené une réduction énorme sur le coton, le gingembre, le piment, l'indigo et les bois de teinture.

Et la concurrence est annoncée comme une force d'impulsion toute moderne, comme un stimulant de fraîche date trouvé sous la bêche de Dombasle... Ah ! il y a longtemps qu'elle promène son niveau sur l'industrie sucrière du Nouveau-Monde : les sucres de Madère, des Canaries et de Saint-Thomas ne sont-ils pas venus en concurrence avec leurs similaires de Sicile, d'Egypte et d'Arabie ? La culture de la canne au Mexique, dans la Terre-Ferme et à Saint-Domingue n'a-t-elle pas, après avoir réduit les prix, anéanti complètement la production sucrière des provinces d'Andalousie, de Grenade et de Murcie ? Le Brésil eut durant près d'un siècle l'approvisionnement de presque tous les marchés d'Europe, et, comme nous l'avons vu, ce monopole lui fut enlevé par la production des Antilles anglaises ; par suite de cette concurrence, le prix des sucres subit une diminution considérable dont lo consommateur fut le premier à profiter. Les économistes betteraviers du Nord et du Pas-de-Calais diront-ils encore qu'ils ont inventé l'aiguillon de la concurrence?... C'est l'histoire de la mouche du coche, et ces messieurs, comme elle, pensent à tout moment

Qu'ils font aller la machine.

L'accroissement de la production du sucre dans les colonies de la Grande-Bretagne date assurément de l'époque où les Anglais se mirent à faire la traite et à y introduire les esclaves africains, ainsi que le pratiquaient les Portugais, passés maîtres dans cet art abominable. Les résultats ne se firent pas attendre, et le commerce britannique d'outre-mer reçut une grande impulsion. L'importation en Angleterre, peu d'années avant la révolution française, s'éleva à 80,000,000 de kilog. ; le sucre anglais se présenta sur tous les marchés européens ; la fraude vint contribuer largement à l'approvisionnement de plusieurs de nos provinces, où il arrivait tout raffiné, au grand préjudice des raffineries de France. Toutefois, nous pouvions lutter, car il y avait parité dans la production respective des deux nations rivales : l'Angleterre gardait pour sa propre consommation 80,000,000 de kilog.; elle exportait 10,000,000 de kilog.; tandis que la France, en 1790, ne recevait pas moins de 95,000,000 de kilog. de ses diverses colonies. Elle pouvait donc se présenter sur tous les marchés de l'Europe et y vendre avantageusement ses produits coloniaux ; aussi, à cette époque, le commerce d'exportation du sucre avait une grande importance, et tous les jours la douane posait ses plombs sur des tonneaux de raffinés. Aujourd'hui, le chiffre de l'exportation est insignifiant ; car, non-seulement nos colonies livrent à la métropole des sucres d'un prix plus élevé que ceux qui sortent des colonies étrangères, mais elles ne pourraient fournir à sa consommation intérieure, si elles en étaient exclusivement chargées. Dans l'état déplorable où se trouve la fabrication coloniale, le sucre de betterave seul aurait chance de faire revivre notre commerce d'exportation ; mais il n'est pas probable que l'Angleterre le laisse sortir de nos ports sans lui opposer le sucre des Indes-Orientales, qu'elle garde, et avec raison, comme planche de salut si l'émancipation de la race africaine compromet définitivement la production de ses Antilles.

Pourquoi nos colons n'ont-ils pas compris naguère que cette extension de la production anglaise était providentielle, inévitable, utile à tous et qu'en frappant les sucres étrangers d'une surtaxe aussi exorbitante, c'était les prohiber complétement et laisser le champ libre à la betterave ? Nous croyons, pour notre part, qu'une alliance entre tous les sucres coloniaux, c'est la victoire, et nous ne cesserons de répéter en montrant les départements du Nord : « Là est l'ennemi. »

De 1792 à 1815, époque de conflagration générale et d'une lutte acharnée entre les nations européennes, le commerce du sucre subit différentes phases, et la production, des perturbations qui sont l'origine de la plupart des difficultés économiques et industrielles dont elle est hérissée aujourd'hui. Les chances de la guerre firent tomber entre les mains des Anglais presque toutes nos colonies à sucre, et comme ils étaient en quelque sorte maîtres de la mer et des marchés du continent, les entrepôts britanniques regorgèrent d'un produit dont nous étions presque complètement privés. Toutefois, les Etats-Unis, qui avaient conservé leur neutralité, importèrent, pour les exporter ensuite, et jusqu'en 1806, les produits des colonies françaises ; de plus, il leur fût permis d'aller chercher dans les colonies anglaises 6000 barriques de sucre, en échange des produits de l'Amérique du Nord. Cette concession, cependant si restreinte, leur fût retirée en 1806, et l'Angleterre, folle de haine, de peur et de jalousie, attira tous les sucres dans son sein. Qu'on juge de l'encombrement produit par ce monstrueux monopole ! La production, par suite de la traite et des progrès de la concurrence, avait augmenté en quinze ans de plus de cent millions de kilogrammes, la consommation intérieure ne suffisait plus, la France s'essayait au sucre de raisin, plantait des cannes en Provence et établissait des écoles de chimie pour la fabrication du sucre de betterave : aussi une crise terrible se manifesta dans le royaume britannique ; le marché était surchargé de 45,000,000 de kilogrammes de sucre, l'équilibre entre le *stock* et la consommation normale était rompu, les prix tombèrent à 60 schellings à l'acquitté ; ils étaient avilis, l'Angleterre en vint jusqu'à faire manger de ce sucre à ses chevaux. Voilà un éxutoire qui manquerait totalement aux fabricants du Nord si jamais le sucre de betterave su-

bissait un blocus continental : les chevaux n'e
voudraient pas manger..... mais peut-être l
leur ferait-on raffiner.

Les prix se relevèrent après nos désastres d
Russie et la chute du blocus continental ; mai
les traités de 1815, la restitution d'une partie d
nos colonies et la baisse du fret rétablirent l'équi
libre entre les besoins du consommateur et le
exigences de la production. Le prix du sucre s
réduisit de plus en plus et l'emploi en augment
dans la même proportion. — Nous l'avons dit
le sucre entre dans la consommation alimentai
des peuples en raison de leurs richesses et de leu
intensité industrielle. Depuis un demi-siècle,
chiffre de son importation en Europe a plus qu
doublé. En 1730, il en passait 125,000,000 d
kilog. ; en 1776, environ 245,000,000 ; aujou
d'hui, il se dirige sur l'Europe, les bords de l
Méditerranée et une partie de l'Amérique d
Nord, à peu près 750 millions de kilog. de suc
provenant des Indes Occidentales, de la Guyan
de Maurice, de Cuba et Porto-Rico, des Antill
françaises, de Bourbon, des îles hollandaises
danoises, suédoises, du Brésil, de Manille
des Philippines, de Ceylan, de Java, du Be
gale, de la Chine, de la Louisiane, etc.

C'est l'Angleterre qui possède les colonies
sucre les plus importantes ; les colonies espagn
les tiennent le second rang ; les possessions fra
çaises viennent ensuite ; la production holla
daise est en très-bonne voie ; par les sucres Lou
siane, les Etats-Unis pointent sur le march
nous devons dire toutefois que sur les bords d
Mississipi la culture du coton semble nuire à l'e
tension de la canne ; mais cette puissante rép

blique n'en est pas moins appelée un jour à do-
miner le commerce d'exportation du sucre, si son
influence s'étend, comme cela est probable, sur
une partie de l'Amérique du Sud, source inépuisable de production sucrière. La récolte de l'Inde
Orientale, de la Cochinchine, de Siam, des Philippines, de Ceylan, des îles de l'archipel ma-
lais peut prendre un accroissement illimité. La
Chine elle-même, où l'art de fabriquer le sucre,
est si ancien et encore dans l'enfance, pourra
avant peu, malgré son éloignement, nous envoyer le sucre de canne qui là aussi abonde, et
que l'avilissement de la main-d'œuvre, le bas
prix du combustible, permettraient de livrer à
des conditions qui compenseraient largement l'é-
lévation du fret et les incertitudes nautiques de
la traversée. Déjà l'exportation par navires américains et anglais s'élève environ à 10 millions
de kilogrammes. Un bon traité de commerce avec
la Chine serait un rude coup porté à l'industrie
de la betterave. Nous ajouterons, pour terminer
cette exploration à vol d'oiseau au-dessus des
champs où se cultive l'*arundo saccharifera* que nos
possessions françaises d'Afrique pourront peut-
être devenir un des grands foyers de la production. C'est du moins l'opinion de quelques savants agronomes.

En résumé, il est impossible de n'être pas
frappé de la grandeur, de l'universalité, du cos-
mopolitisme de l'industrie sucrière coloniale. La
culture de la canne s'étend sur les deux mondes,
aux bords de la Méditerranée et dans toutes les
îles de l'archipel indien. Rien n'égale la facilité
de transplantation et la promptitude qu'elle met
à s'acclimater dans les contrées où on l'apporte.

La moitié du globe peut la recevoir; elle mûrit au soleil des deux Amériques , de l'Afrique et d'une partie de l'Asie ; on la trouve au bord du Mississipi , sous les cimes de la Sierra-Nevada , derrière les mornes des Antilles. Elle envahira l'immensité des Savanes où l'on n'entend aujourd'hui que le sifflement des balles mexicaines et l'écho lointain des canons du général Scott. L'avenir lui appartient.

V.

Découverte du sucre de betterave. — Histoire de son introduction en France. — Circonstances qui ont développé cette industrie.

Lorsque la révolution française éclata, le sucre de canne était seul maître du marché, et la France, nous l'avons dit, n'en recevait pas moins de 95,000,000 de kilog. de ses diverses colonies. Les chances de la guerre nous fermèrent la grande route des mers, Saint-Domingue, la plus riche de nos colonies à sucre, se déclara libre, et ce qui nous resta de possessions coloniales nous fut enlevé par les Anglais. Une hausse énorme se manifesta sur tous les produits du Nouveau-Monde, et le sucre, dont l'usage commençait à se généraliser, augmenta tellement de prix, qu'à certaines époques de la révolution les riches pouvaient seuls le payer. Les risques du transport, l'impossibilité presque absolue des échanges, et les accaparements dont toute marchandise assez rare pour que la demande dépasse l'offre devient l'objet, furent les causes qui firent disparaître le sucre de canne du marché français.

La privation de ce précieux aliment devint si grande, si générale, que l'on dut naturellement chercher les moyens de s'y soustraire, et se demander si la République, qui s'était affranchie des soudes d'Espagne, qui créait des manufactures d'armes, qui trouvait dans les caves du salpêtre pour ses quatorze armées, ne pourrait pas, par le même effort de génie, remplacer le sucre colonial par un produit indigène qui aurait le même goût, le même agrément, les mêmes propriétés. Avec cet enthousiasme qui nous caractérise, on se mit à l'œuvre. On pensait alors que la canne à sucre était la plante qui fournissait le plus de sucre; mais il n'était pas prouvé, disait-on, qu'en la naturalisant en France on n'en obtiendrait pas assez de produits pour fournir à la consommation. Le soleil de la France est si beau!... On tenta l'expérience, on planta des cannes à la Nouvelle-Tempé, près de Nice, dans une contrée dont la température presque tropicale semblait devoir favoriser singulièrement les expériences. Le résultat ne répondit pas à l'attente : ces cannes si hautes, si grosses, si luxuriantes, dont les panicules brillaient avec tant d'éclat au milieu des orangers et des oliviers de Nice, ne fournirent qu'un sirop non cristallisable, comme celui recueilli jadis en Provence, et auquel les chimistes d'alors donnèrent le nom de musuco-sucré.... D'autres tentatives eurent le même sort, et il fut aisé d'en conclure qu'il fallait chercher le sucre national dans une autre plante que l'*arundo saccharifera*.

On pensa à l'érable à sucre, *l'acer saccharinum* de Linnée; on se rappela que cet arbre croît à New-York, en Pensylvanie, sur les bords de l'Ohio, dans une partie des Etats-Unis d'Amérique; que l'extraction du sucre en est facile, les procédés simples, que les sauvages en récoltent et l'apportent a Montreal, qu'ils en font une boisson dont ils se soutiennent dans leurs longues chasses : il suffirait de multiplier l'érable en France, de faire des incisions dans le tronc de cet arbre précieux et d'en recueillir la sève, sève chargée de sucre, qui ne pourrait manquer de couler chaque année.... *L'acer saccharinum* de *Linnée* n'eût pas plus de succès que les cannes plantées sur les bords du Var, par le citoyen Bermond ; on reconnut que le sucre d'érable serait toujours plus cher que celui de la canne, mais on ne perdit ni espoir, ni courage.

Restaient d'autres végétaux, fruits ou racines, dont la saveur trahissait la présence du sucre : on se mit à fouiller les plantes, on interrogea le navet, la carotte, les châtaignes, le panais, les tiges de maïs, le bouleau, le noyer, les mûriers, le melon, les raisins, les poires, les prunes, on fit une enquête générale, une partie du règne végétal fut soumis à l'expérience ; mais malgré l'ardeur des recherches, malgré les assertions des enthousiastes, il ne resta de ces tentatives que des faits plus ou moins curieux acquis à la science, et personne ne crut à la possibilité de suppléer le sucre de canne.

Tel était l'état des choses, lorsque M. Achard, chimiste de Berlin, annonça qu'il possédait les moyens de retirer de la betterave un sucre identique à celui de la canne, à des conditions assez économiques pour qu'il pût devenir bientôt à la portée de tous les consommateurs.

Les procédés d'extraction pouvaient être nouveaux, mais la découverte du sucre de betterave ne l'était pas. C'est à Margraff, fils d'un pharmacien de Berlin, et l'un des plus grands chimistes du XVIIIe siècle, qu'en revient l'honneur. Cette découverte remonte à 1745, et se trouve consignée dans les Mémoires de l'Académie de Berlin, sous ce titre : *Expériences chimiques faites dans le dessein de tirer un véritable sucre de diverses plantes qui croissent dans nos contrées.* Dans ce document resté ignoré pendant un demi-siècle, dans ce précieux titre d'une industrie nouvelle, Margraff établit, avec une sagacité rare et l'habileté d'un expérimentateur consommé, que parmi les plantes indigènes qui renferment du sucre, celle qui en contient le plus, c'est la betterave ; que ce sucre y existe tout formé, et que le moyen le plus commode et le plus simple de l'en extraire consiste à dessécher les racines et à les faire bouillir dans l'esprit de vin, qui se charge du sucre et le laisse déposer sous forme cristalline par le refroidissement. Cette expérience capitale le fit parvenir à constater 6 0/0 de sucre dans la betterave blanche. Cette manière de procéder, excellente dans le laboratoire, ne pouvait convenir à une grande exploitation ; aussi en chercha-t-il une autre, qui consistait à presser les racines, à en déposer le suc et à le concentrer pour le faire cristalliser. A ce propos, nous mettrons sous les yeux de nos lecteurs, dans un prochain chapitre, les preuves irréfragables que l'industrie du sucre de betterave, que l'on dit avoir passé par toutes les étamines du progrès, a changé peu de chose aux procédés de fabrication indiqués par son auteur, et que les découvertes qui lui sont si gratuitement attribuées reviennent, en principe et en application, aux raffineurs de sucre de canne de France et d'Angleterre. C'est plutôt au capital qu'à la science que cette industrie doit son triomphe et son influence.

Nous ajouterons que Margraff avoue lui-même, dans son mémoire, ne pouvoir arriver à fabriquer un sucre parfaitement blanc, et que tout ce qu'il put faire, ce fut d'obtenir un produit pareil au meilleur sucre jaunâtre de Saint-Thomas , qu'on appelle moscowade. Au reste, il n'attachait pas une grande importance pratique à sa découverte. Malgré l'exactitude de ses procédés et le chiffre assez élevé de son rendement en sucre, il ne lui avait pas semblé assez considérable pour servir de base à une exploitation manufacturière de ce produit. Il se contenta de consigner l'extraction du sucre de la betterave dans la nomenclature des produits sucrés trouvés dans bien d'autres plantes et ne donna à cette découverte que l'importance et l'intérêt que comporte un fait nouveau d'analyse végétale. « Le sucre, di- » sait-il, existe tout fait, sous forme cristalline, » au moins dans nos racines. » Il ne s'en occupa pas davantage, et la seule application qu'il conseille dans son mémoire, est la confection d'une espèce de compote, de résiné, un sirop de betterave qui viendrait remplacer la mélasse noire et épaisse consommée par les pauvres sujets du grand Frédéric.

Malgré la pénurie du sucre à l'époque où M. Achard annonça les procédés qui allaient utiliser la découverte de Margraff, l'impression ne fut pas aussi favorable qu'on pouvait s'y attendre. Ces recherches sans résultat dans le règne végétal, ces tentatives de fabrication avortées, ces espérances d'un sucre indigène évanouies, avaient un peu refroidi l'opinion publique. On avait des doutes, on trouva des objections, l'indécision fit attendre. C'est alors que M. Achard publia, en allemand, un mémoire dans lequel il donna généreusement et d'une manière formelle, explicite, tous ses procédés de fabrication. La publicité s'empara de ce mémoire, les journaux en firent des rapports favorables et comme on ne demandait pas mieux que de se laisser convaincre, personne ne douta plus de l'utilité de cette dé-couverte qui servait si bien la politique de l'époque et les besoins du jour.

On commença donc à croire au sucre de betterave ; mais, instruits par le non succès des plantations de cannes et d'érables ; il s'agissait de savoir si les betteraves de France étaient saturées de sucre au même degré que les betteraves cultivées en Prusse ; si, en un mot, elles donneraient sous notre zône le même rendement que celles de Silésie. Ce fut pour acquérir à cet égard des renseignements certains que l'Institut nomma une commission, composée de MM. Cels, Chaptal, Darcet, Deyeux, Guyton-Morveau, Parmentier, Fourcroy, Tessier et Vauquelin. — C'était l'an VIII. — Le rapport fut favorable, et malgré la difficulté que ces Messieurs de l'Institut éprouvèrent à s'élever au talent du maître de cuite, le résultat dépassa leurs espérances, et le sucre qu'ils obtinrent leur sembla suffisant pour garantir l'authenticité du travail de M. Achard et justifier l'espoir que la France nourrissait en cette industrie. Le rapport de la commission naturalisa la betterave en France et en détermina l'adoption par nos industriels. Un fait digne de remarque, c'est que les savants anglais contemporains n'y firent pas la moindre attention, et sir Humphy Davy, une des illustrations chimiques du royaume britannique, en parle en ces termes : « La betterave, dit il, donne par » l'ebulition et l'évaporation de son extrait une » espèce particulière de sucre, dont les proprié- » tés générales sont analogues à celles du sucre » de raisin, *à cela près qu'il est légèrement amer.* » Cette indifférence des chimistes de l'Angleterre à l'endroit du sucre de betterave ne fut nullement partagée par ses hommes d'état, et s'il faut en croire le baron de Heurteloup, ils firent proposer à Achard, en 1800, sous le voile de l'anonyme, une somme de 50,000 écus; puis, en 1802, une autre de 200,000 écus, s'il voulait publier un ouvrage dans lequel il avouerait qu'il avait été égaré par son enthousiasme, et que ses expériences en grand lui avaient démontré la futilité de ses premiers essais, et qu'il avait acquis *à posteriori* la conviction que le sucre de betterave ne pourrait jamais suppléer celui de la canne. Achard rejeta cette singulière proposition, mais l'incorruptibilité du chimiste prussien nous coûte autant de millions que de sophismes et d'embarras.....

Les procédés de fabrication d'Achard furent à peine importés de Silésie en France, que les spéculateurs s'en emparèrent dans l'espoir de réaliser des bénéfices immenses. Ils furent trompés dans leur attente. Les débuts de cette nouvelle industrie ne furent pas heureux. L'ignorance des directeurs, l'imperfection des appareils, le mauvais choix des localités, la difficulté d'une exploitation rurale, le défaut de pratique des opérations manufacturières, furent les principales causes qui ruinèrent les premiers établissements. Cet échec inattendu refroidit un peu l'enthousiasme des novateurs, et l'extraction du sucre de betterave, reconnue vraie dans le laboratoire, passa pour impraticable dans les fabriques, et l'on fut d'opinion que cette utopie scientifique, qui nous arrivait de l'autre côté du Rhin, ne dépasserait pas les bornes du champ sacré où les neuf immortels de la commission de l'Institut plantèrent de leurs mains le célèbre légume.

Pendant ce temps, le sucre colonial devenu de plus en plus rare, s'était élevé graduellement au prix de 6 francs le kilogramme. Le blocus continental était dans toute sa rigueur, nos entrepôts étaient vides, les chevaux anglais mangeaient le sucre de nos colonies. Pour continuer la lutte, il fallait ou se sévrer complètement de ce produit à l'imitation des Américains qui, lors de la guerre de l'indépendance, s'étaient interdit l'usage du thé dont l'Angleterre avait le monopole, ou le chercher *mordicus* dans les plantes indigènes. Napoléon décréta la fabrication du sucre national ; mais à quelle plante le demander ? Les résultats malheureux du premier essai faisaient regarder la betterave comme ne pouvant donner aucun résultat manufacturier ; les essais se portèrent sur une autre variété de sucre, celui de raisin. Des récompenses magnifiques furent promises et accordées, et jamais industrie subversive ne fut mieux protégée. Un décret du 18 juin 1810 accorde la croix de la Légion-d'Honneur et une somme de 100,000 fr. au chimiste Proust, pour avoir découvert le sucre de raisin. Napoléon voulait à tout prix du sucre, parce qu'il voulait à tout prix la ruine du commerce anglais.... Dans le berceau de l'industrie indigène il ne faut pas chercher une autre pensée.

VI.

Protection accordée à la fabrication du sucre indigène par
le gouvernement impérial. — Cette industrie est une
créati·n de l'esprit de guerre. — Ses nombreuses péripéties. — Accroissement illimité de sa production.

Avec de si magnifiques encouragements on vit
s'élever dans le Midi de la France beaucoup de
fabriques de sucre de raisin. Les chimistes les
plus distingués de l'époque s'en occupèrent, et
du fond de leurs laboratoires indiquèrent aux
industriels les procédés de fabrication qu'ils
croyaient les plus propres à atteindre le but;
mais les difficultés de son extraction et le peu
d'énergie de ses qualités sucrantes firent qu'il ne
présenta pas tous les avantages que l'on se flat-
tait prématurément d'en obtenir. On revint au
sucre de betterave.

Les hommes éclairés ne partageaient point à
l'égard de ce produit les préjugés généralement
répandus sur son compte; ils espéraient que les
capitaux, l'expérience, la triture de cette industrie leur donneraient raison un jour. Le sucre de
betterave est l'enfant gâté de la chimie : on
l'exhuma de son tombeau, on l'entoura d'une
nouvelle protection; le gouvernement impérial
le prit sous sa puissante tutelle, et le 15 janvier
1812, parut un nouveau décret qui établissait
cinq écoles de chimie et quatre fabriques impériales pour la fabrication du sucre de betterave.
Les cinq écoles de chimie n'étaient, à proprement
parler, que des fabriques particulières déjà en activité dans la plaine des Vertus, à Wachenheim,

à Douai, à Strasbourg et à Castelnaudary. Cent élèves pris parmis les étudiants en pharmacie, en médecine et en chimie, étaient attachés à ces écoles dans une proportion numérique relative à leur importance; chacun d'eux devait, après un examen de capacité et au bout de plus de trois mois de pratique, recevoir une indemnité de 1000 francs. Le même décret ordonnait au ministre de l'intérieur de faire semer dans l'étendue de l'empire, cent mille arpents métriques de betteraves. De plus, il était accordé, dans tout l'empire, 500 licences pour la fabrication du sucre de betterave, dont au moins une revenait de droit à chaque département. Les licences étaient accordées de préférence aux propriétaires de fabriques ou de raffineries, à ceux qui avaient fabriqué du sucre en 1811, et enfin à ceux qui antérieurement au décret avaient fait des dispositions et des dépenses pour établir des ateliers de fabrication pour 1812. Chaque licence portait obligation pour celui qui l'obtenait, d'établir une fabrique capable de fournir au moins 10,000 kilog. de sucre de 1812 à 1813. Le décret garantissait le sucre qui sortirait des fabriques, remplissant les conditions imposées pour l'obtention de la licence, exempt de tout octroi et imposition quelconque pendant l'espace de quatre années seulement. Voilà donc en germe dans la pensée de Napoléon et dans les termes mêmes de son décret le projet d'un impôt sur le sucre indigène nettement formulé. Ce grand organisateur entendait réserver l'avenir; il pensait bien que le blocus continental ne pouvait toujours durer et que les relations entre les colonies et leurs métropoles respectives reprendraient leur état normal et primitif. Aussi ne considerait-il le sucre de betterave que comme une arme de guerre, comme une nécessité temporaire, comme un produit éventuel qui devait tomber quand tomberaient les éventualités qui l'avaient fait naître.

Nous avons dit qu'un article du décret établissait quatre fabriques impériales de sucré de betteraves ; le dernier titre créait dans le domaine de Rambouillet, aux frais et aux profits de la couronne, une fabrique de sucre pouvant fournir à la consommation, avec le produit de la récolte de 1812 à 1813, 20,000 kilog de sucre brut. Si nous ajoutons la production totale imposée aux cinq cents fabricants, titulaires de licences, et les deux millions de kilog. que devaient produire les quatre fabriques impériales ; si, d'un autre côté, nous supposons aussi ce dernier chiffre à la production des cinq fabriques transformées en écoles de chimie, nous trouvons que dans la pensée de l'organisateur de cette industrie la fabrication du sucre de betterave devait atteindre, de 1812 à 1813, environ 10,000,000 de kilog.

L'examen de ce décret, dont nous venons de donner une analyse succincte, prouve suffisamment que l'industrie du sucre de betterave, chancelante dès les premiers pas, a grandi jusqu'à sa maturité sous l'égide de la protection. Créée par un décret, qui en rassemblait les épares, répartie officiellement sur tous les points du territoire, réglementée jusque dans le chiffre de sa production, on lui prodigua immunités, encouragements, exemption d'impôts, et Dieu sait, ou plutôt le trésor, sait combien de temps elle a joui de cette protection dont on se montre si avare pour sa rivale des Tropiques. Ici se présente une réflexion à notre esprit. Comment Napoléon, dont le génie était si pénétrant, cédant avec raison aux exigences du jour, ne prévut-il pas les embarras du lendemain? comment le puissant organisateur qui, à peu près, à la même époque, mettait le tabac en régie et convoitait le monopole des transports, ne pensa-t-il pas à organiser l'industrie du sucre indigène en dehors des intérêts privés, sous la direction d'un ministère, d'une administration, d'une régie? Le sucre de betterave était une arme de guerre, comment cette arme ne se trouvait-elle pas dans la main du gouvernement? Pourquoi ne laisserait-on pas ce produit dans le sein de la terre pendant la paix, comme on laisse le salpêtre s'efflorer dans les caves et les canons dormir sur les remparts?..... Mais le règne de Napoléon fut une longue épopée guerrière : nul espoir de paix, partout à l'horizon la fumée des combats, partout le bruit des canons, l'Europe était en coalition permanente contre nous.... L'industrie, aussi elle, devait avoir ses aigles et son drapeau, le drapeau de la France, et puisque la nation n'était qu'une citadelle, ses ateliers devaient être des arsenaux, et ses industriels des soldats...

Création de l'esprit de guerre, l'industrie du sucre de betterave devait avoir son temps, sa raison d'être, son existence normale ; aujourd'hui elle est un anachronisme vivant, et ses partisans les plus enthousiastes ne la considèrent que comme devant suppléer à la perte probable de nos colonies au premier coup de canon tiré sur l'Océan ou la Méditerranée. Nous croyons, pour notre part, que personne n'aurait grand profit de nous enlever les quatre méchants îlots qui forment tout notre apanage colonial.... Mais n'est-il pas puéril de craindre tant de manquer de sucre, et de ne pas s'inquiéter si nous aurons du fer, de la houille et du bois de construction, sans parler du thé, du café, du cacao, etc.!

Les fabriques de sucre qui venaient de s'établir commençaient à prospérer, et la consommation de ce produit s'éleva alors de 8 à 10,000,000 de kilog., fournie en partie par la production indigène. Mais les évènements de 1814, nos désastres de Russie, l'invasion des étrangers, la chute du blocus continental, la mer ouverte à toutes les nations maritimes, portèrent un coup terrible à cette industrie naissante et qui ne craignait rien tant que la paix. Sans immunités nouvelles, sans autre protection, le sucre de betterave ne put se soutenir, et quoique la franchise de droits dont il jouissait toujours fût cependant une faveur considérable, il ne résista pas à la concurrence des sucres coloniaux, qui firent subitement invasion sur le marché et tombèrent en avalanches dans nos entrepôts. Le sucre raffiné tomba alors à 1 fr. 40 c. le kilog. Presque toutes les fabriques succombèrent, et comme elles étaient d'origine impériale, personne ne se hâtait de les relever. Cette industrie, au milieu de ses nombreuses péripéties, fut même tournée en ridicule, tant l'opinion publique lui était en définitive peu favorable. Toutefois, un petit nombre de fabricants restèrent bravement sur la brèche. M. Crespel-Delisse, d'Arras, fût de ce petit bataillon qui, pour nous servir de l'expression d'un betteravier éméite, M. Mathieu de Dombasle, conserva au milieu des ruines l'étincelle du feu sacré, c'est-à-dire, en langage vulgaire, l'art de faire du sucre dix fois moins bon, deux fois plus cher et de se moquer ouvertement, sur le doux oreiller de la protection, des règles du goût, des lois de la science et des intérêts du trésor.

Nous ajouterons qu'en Allemagne, où cette industrie a pris naissance, elle ne put survivre à la chute du blocus continental ; dès 1816, il n'en restait aucune trace, pas même en Silésie, où plusieurs fabriques étaient établies et prospéraient dans les premières années du XIX° siècle. Aujourd'hui, il en est tout autrement· Les constructeurs français expédient tous les jours des appareils de fabrication chez les Allemands, les Prussiens, les Russes, et ceux-ci ne se contentent pas de nos machines, ils nous demandent des directeurs, des monteurs, des ouvriers, afin que cette industrie qu'ils exemptent de tout impôt jette chez eux dé profondes racines, et les affranchissent un jour du tribut qu'ils paient ou qu'ils pensent payer aux nations qui possèdent des colonies à sucre. C'est là un fait sur lequel nous appelons l'attenti n publique, et qui peut avoir la plus grande influence sur notre avenir comme nation maritime. Le sucre de betterave non-seulement ruine la production coloniale, mais il compromet gravement notre commerce d'exportation, commerce que l'on interne de plus en plus, qu'on étend sur le lit de Procuste, à qui l'on répète sans cesse : Tu n'iras pas plus loin, tu ne grandiras pas davantage. C'est ainsi qu'on enlève à l'industrie sucrière de la métropole tout rêve d'avenir, tout espoir de lointains débouchés, qu'on limite ses progrès par nos frontières, progrès qui, comme dans toute grande industrie, sont en raison directe de l'étendue du marché qu'elle alimente.

La prospérité des fabriques qui avaient survécu aux évènements de 1814 éveilla l'esprit des spéculateurs, et de 1820 à 1822, l'industrie du sucre de betterave fit de nouvelles tentatives de régénération ; mais les fabricants furent loin d'obtenir les résultats qu'ils attendaient et avaient tout lieu d'espérer à la vue de la prospérité de M. Crespel, particulièrement.

Jamais industrie ne fit à son origine éprouver tant de déceptions aux capitalistes. La raison en est simple. Il fallait pour réussir un ensemble de capacités assez rares à rencontrer chez le même individu. La science du manufacturier devait se joindre à la pratique agricole, et pour exercer avec fruit, il ne fallait pas seulement être industriel, il fallait aussi être agriculteur. Ceux qui ne possédaient pas cette double condition de succes ou qui d'un autre côté n'avaient point assez de capitaux pour adopter les changements apportés dans le matériel de fabrication par le progrès des arts mécaniques, ne furent pas longtemps à succomber. En 1829, le bilan de l'industrie indigène ne fournissait plus que cent fabriques en pleine activité ; mais ces fabriques avaient profité des améliorations nouvelles, et la plupart commençaient à employer la vapeur et le noir en grains ; elles étaient assez prospères pour que la concurrence de leurs produits avec le sucre colonial commençât à éveiller l'attention du gouvernement qui fit faire une enquête.

C'est alors qu'il fut question de retirer au sucre de betterave les immunités dont il jouissait depuis le decret de Napoléon ; mais c'était en 1830, et ce projet d'impôt mis au recès par la révolution de juillet, ne fut repris, sur les réclamations réitérées des ports de mer, qu'en 1836. Ce qu'il y a de remarquable, c'est que les commissions libres, formées par le commerce des places maritimes, réclamèrent presque toutes l'abaissement de la surtaxe sur les sucres étrangers, projet que les colons combattaient à outrance, tant le système colonial suivi depuis 1814 les aveuglait sur l'avenir de leurs intérêts : ils considéraient le sucre étranger comme un ennemi et non comme un auxiliaire. Cette erreur leur fut bien funeste.

La loi de 1837 frappait le sucre indigène à raison de 10 fr. par 100 kilog., à partir du 1er juillet 1838, et de 15 fr., à partir du 1er juillet 1839, plus un droit de licence de 50 fr. par chaque établissement de fabrication. La perception de l'impôt devait s'effectuer par la voie de l'exercice, au lieu même de la fabrication. En 1840, l'impôt fut élevé à 25 fr. et le décime. Enfin M. Duchâtel, dans sa courte apparition au ministère, présenta un projet de loi qui réduisait la taxe des sucres coloniaux à 25 fr. Ce n'était ni plus ni moins que l'exécution juridique du sucre de betterave ; mais son successeur émit une opinion différente : le sucre de betterave fut taxé, le dégrèvement rejeté. La nouvelle loi devint une source d'embarras interminables.

Le sucre indigène supporta parfaitement l'impôt, et ce produit, habitué aux priviléges, qui avait horreur des mesures fiscales, qui éjaculait palinodies, brochures, protestations, et psalmodiait déjà son martyrologe ; ce produit, qui se déclarait gravement par l'organe des métaphysiciens de la betterave, matière *non imposable*, ce produit vécut, grandit, se développa, recula ses frontières, finit par élever aux colonies la concurrence la plus redoutable, et devint bientôt l'objet de nouvelles plaintes et d'une autre loi. C'était en 1842. Il y avait alors quatre cents fabriques.

La suppression complète de la fabrication indigène, avec indemnité pour les fabricants et rachat de leurs usines, fut proposée par M. Lacave-Laplagne qui y affectait une somme de 40 millions; mais ce projet fut repoussé par la chambre. Le principe de l'égalité de droits entre les deux sucres rivaux fut adopté, et la loi votée par la chambre décrétait la péréquation de l'impôt dans cinq ans. Depuis la promulgation de cette loi, fâcheux compromis entre deux principes opposés et en hostilité permanente, le nombre des fabriques indigènes a diminué sensiblement, mais la production générale a progressivement augmenté. Elle était en 1842 de 30,000,000 de kilog.; en 1843 elle resta stationnaire; elle s'éleva en 1844 à 36,000,000 de kilog.; en 1845, à 40,000,000; en 1846, à 53,000,000, et à la fin de la campagne de 1847, tout fait présumer qu'elle atteindra 70,000,000 de kilog. Dans l'état actuel des choses il n'y a plus de limites à son extension, elle peut s'étendre sur tous les points du territoire, envahir tous les marchés coloniaux, accaparer la consommation tout entière, si un prompt remède n'y est apporté. Ce remède, nous allons le chercher.

VII.

Causes qui entravent le progrès de la fabrication coloniale.
— Origine de la surtaxe qui frappe les sucres d'un type
supérieur. — Suppression des types.

Le vieil esprit fiscal et le génie du progrès
sont profondément antipathiques ; de plus, ils
sont en hostilité permanente, tant ils sont opposés l'un à l'autre. Le producteur regarde le
douanier comme un quidam, un agresseur, un
ennemi. L'industrie, surtout l'industrie moderne,
qui aspire à pleins poumons l'air de la liberté,
a horreur du fisc, et on peut dire qu'une bran-
che quelconque de la production paie d'autant
moins volontiers le tribut au minotaure fiscal,
qu'elle se sent plus libre dans ses allures et ap-
proche davantage de la perfection.

L'industrie qui nous occupe est justement
dans cette catégorie. Elle repousse la dictature
législative : forte de son rôle et connaissant sa
mission, elle franchit les barrières et réclame
l'abolition d'une partie des mesures fiscales qui
gênent son essor et limitent son extension. Elle
paie au fisc un impôt égal au prix rémunérateur de la marchandise imposée : cet impôt
l'étouffe et ne fait pas moins souffrir le consommateur Quoi ! on réclame avec énergie contre
les droits qui frappent le sel, et on ne sent pas
ceux qui pèsent sur le sucre?... Nous nous trompons. Les fabricants de sucre des colonies et
les raffineries de la métropole en comprennent
parfaitement l'iniquité ; aussi demandent-ils le
dégrèvement sur tous les sucres, sans en excep-
ter les produits indigènes. Nous ne savons si
telle est l'opinion de MM. du Nord et du Pas-

de Calais. S'il en était autrement, nous serions autorisés à croire qu'ils préfèrent l'intérêt des contrebandiers à celui des consommateurs. C'est un si bel appât qu'un impôt de 100 p. 0/0; c'est une maxime si répandue que voler le gouvernement ce n'est pas voler !

D'un autre côté, les colons et les raffineurs réclament conjointement la suppression du droit différentiel qui frappe les produits d'une qualité supérieure, et porte aussi un obstacle insurmontable aux progrès de la fabrication coloniale. Il faut le dire, l'industrie du sucre de betterave n'a pas grandi qu'à l'ombre de la protection, elle a aussi profité de toutes les découvertes du siècle. Les sucreries de canne ne peuvent prospérer qu'à cette dernière condition : ce n'est point par des primes qu'il faut les sauver ; c'est le progrès, c'est le capital qui doit les armer. Examinons donc la question à ce point de vue.

Dans notre aperçu historique sur les transmigrations de la canne à sucre, nous avons exposé que c'est aux Européens que nous devons l'établissement des premières sucreries dans nos colonies. Un fait digne de remarque, c'est que cette industrie a suivi depuis eux une marche continuellement décroissante. Qu'étaient donc les premiers planteurs ? Des hommes hardis, audacieux, entreprenants, poussés sur les rivages du Nouveau-Monde par les nécessités matérielles, les persécutions religieuses, l'esprit d'aventure, et qui apportaient avec eux des connaissances agricoles qu'ils s'empressèrent d'appliquer et d'approprier au sol vierge qu'ils allaient cultiver. La fertilité des terres, le monopole de la fabrication, le besoin du sucre qui allait toujours croissant, les firent réussir au-delà de leurs espérances, et ils ne tardèrent pas à acquérir ces richesses vers lesquelles gravita si longtemps l'imagination inquiète des Européens. Mais à la place de ces premiers colons, de ces hardis aventuriers, s'éleva une aristocratie coloniale qui s'énerva par la richesse, se corrompit par l'esclavage. Les nouveaux propriétaires dédaignèrent le travail, et les soins de la culture, de la fabrication, de l'administration, furent abandonnés à des nègres, à des commandeurs, à des géreurs. Les géreurs, aussi ignorants que les maîtres, firent preuve de la même insouciance, et les traditions des premiers raffineurs européens se transmirent, se transmettent encore par des esclaves. Le croirait-on? la plupart des créoles, encore aujourd'hui, n'osent pas pénétrer dans les arcanes de cette industrie qui les fait vivre et dont le dépôt leur est confié par la métropole. Les nègres, jaloux d'en posséder les mystères, craignent de les transmettre, et, pour ne pas indisposer leurs esclaves, pour ne pas s'exposer à quelque vendetta industrielle, les colons s'abstiennent et laissent les procédés de fabrication dans un *statu quo* qui fait leur honte et leur ruine... Esclaves eux-mêmes des procédés de leurs esclaves, ils n'osent pénétrer dans cet antre qui réclame la lumière de la liberté!

La fabrication du sucre de canne, ainsi tombée aux mains de la routine, n'a pu que dégénérer à mesure qu'elle s'éloignait de sa source primitive, et le dépôt traditionnel des procédés de culture et d'extraction ne se transmit qu'en s'altérant. On a considéré cette belle industrie comme un métier empirique, que la mémoire suffisait à perpétuer ; et, puisque ce métier était exercé par des esclaves, qu'est-ce que l'intelligence avait à y faire ? On n'a pas compris que l'art du fabricant de sucre, comme tous les arts industriels, doit avoir son esthétique, ses conditions d'existence, de progrès ; on n'a pas compris que la culture de la canne rentre dans les conditions générales de culture de toutes les plantes alimentaires que l'homme s'est appropriées, et que l'épuisement des terres impose l'application raisonnée des irrigations, des assolements, des engrais ; on n'a pas compris, enfin, que les progrès qui s'accomplissent chaque jour dans la métropole, grâce à la marche ascensionnelle des sciences chimiques et physiques, renversent le respect des traditions et le fétichisme industriel de nos pères. C'est pourquoi l'industrie coloniale est restée stationnaire, tandis que la fabrication métropolitaine du sucre de betterave a fait de rapides progrès.

Il ne faut pas cependant que le sucre de canne soit le bouc émissaire de la question ; il ne faut pas attribuer aux colons tous les torts : la métropole en a sa part. Voici comment. Une législation de Welches, expression exacte de la barbarie, où était plongé naguère l'art de raffiner le sucre en Europe, régissait, régit encore la fabrication coloniale. Les raffineurs métropolitains avaient obtenu une loi qui défendait aux colonies tout progrès dans l'extraction du sucre, en frappant leurs produits supérieurs d'une surtaxe énorme. On s'étayait de l'exemple des Anglais, qui ne permettaient pas le terrage ou blanchîment des sucres, dans leurs colonies, et on citait l'avantage qui en résultait pour leurs raffineries ; avantage dans le présent, c'est vrai ; mais embarras dans l'avenir. Quel était le but des raffineurs de cette époque ? Proscrire entièrement dans la consommation l'emploi direct du sucre terré importé des colonies. Cela se passait sous l'assemblée nationale, alors qu'il n'entrait dans nos ports pas moins de 55,000,000 de kilog. de sucre terré, tandis que l'importation du sucre brut ne s'élevait qu'à 40,000,000 de kilog. Sur les 55 millions kilogr. sucre terré, 45,000,000 passaient à l'exportation pour l'étranger, et tous les sucres bruts importés se consommaient en France. Or, les raffineurs, surtout ceux d'Orléans, se plaignaient amèrement de la compétition du sucre terré, qui valait moins cher et était aussi bon que leurs produits. Ils réclamèrent un droit de 12 fr. par quintal de sucre terré, qui serait vendu dans l'intérieur du royaume ; tandis que le sucre brut ne paierait qu'un franc pour la même quantité. Quand cette différence de droits, disaient-ils, réduirait un peu la consommation des sucres terrés en France, les raffineurs de la métropole raffineraient davantage de sucre brut ; les travaux des manufactures seraient plus considérables, la nation gagnerait en multipliant l'ouvrage pour le peuple. Des intérêts du consommateur, ils ne s'en occupaient guère, et ils ne pensaient pas qu'au lieu de prohiber un produit qui leur faisait concurrence, il était plus simple, plus rationnel, de perfectionner leurs procédés, de changer leurs méthodes, et de lutter en abaissant progressivement la valeur vénale du sucre raffiné, résultat nécessaire de la diminution des frais de fabrication, frais dont le chiffre a quelque chose de fabuleux, relativement à ceux d'aujourd'hui.

Ils auraient dû penser à tout cela ; mais soyons justes envers le passé et ne demandons au génie de chaque siècle que ce qu'il peut fournir. La raffinerie, comme toute fabrication naissante, avait besoin de protection, cette protection ne lui manqua pas ; mais elle la rejette aujourd'hui parce qu'elle s'accorde au détriment de l'industrie coloniale ; parce que, si alors la différence de prix entre le sucre brut et le sucre raffiné était considérable, elle est presque nulle aujourd'hui ; parce que les consommateurs sont habitués au sucre blanc et n'en veulent pas d'autre ; parce qu'il est absurde d'augmenter les frais de transport par un produit parasite, la mélasse, qui reste dans la cassonnade, et que le raffineur de la métropole est obligé d'éliminer, au grand préjudice de sa fabrication et de ses intérêts ; parce qu'enfin, cette surtaxe, loin de favoriser les raffineurs de sucre de canne, ne profite plus qu'à leurs concurrents, les fabricants de sucre indigène.

Comme on le voit clairement, il ne faut chercher l'origine de la surtaxe sur les sucres terrés, claircés ou d'un type supérieur, que dans la différence qui existait jadis sur le marché français, entre le prix du sucre brut et le prix du sucre raffiné : or, comme cette différence est presque nulle aujourd'hui et qu'elle diminue encore progressivement, cette surtaxe est un non-sens, un obstacle, une absurdité ; et, pour conclure, ce fut et c'est encore une des causes qui ont le plus contribué à la marche rétrograde de la fabrication coloniale. Nous réclamons donc l'abolition de la surtaxe qui frappe les sucres au premier type, surtaxe qui est de 7 fr. 50 c., non compris **le** dixième , sur les sucres blancs ou claircés, et de **21** fr. sur les sucres terrés de toutes nuances.

Il est impossible de laisser subsister plus long-temps une législation qui entrave les progrès de l'industrie coloniale, en frappant ses produits d'un droit d'autant plus élevé qu'ils sont **plus** beaux. N'est-ce pas fatalement contraindre les colons à augmenter leur frais de fabrication, **et** d'un autre côté, grever le fret de frais qui pèsent sur 15 à 20 0/0 d'une matière qui pourrait s'éliminer tout d'abord et se transformer ultérieurement en sucre cristallisable au deuxième type ? De plus, ne sait-on pas que cette matière incristallisable , qui sauve le produit imposé de la surtaxe, devient , durant le trajet, un principe actif de fermentation, de détérioration, qui perd le bon goût du sucre de canne, donne au consommateur des idées fausses sur sa valeur absolue et diminue son rendement dans les raffineries de la métropole ? On l'a dit, et nous le répétons, il serait plus profitable à l'industrie coloniale et métropolitaine, que l'on ajoutât au sucre, lors de son embarquement, 15 à 20 0/0 de sable ou de galets de mer, qui paieraient le tribut au minotaure fiscal, mais qui, au moins, n'auraient pas l'inconvénient d'altérer le sucre cristallisable et de jeter le raffineur dans les opérations les plus coûteuses. Qu'on adopte le principe de l'abolition des classifications et types, qu'on ramène les produits coloniaux de toutes nuances, à une taxe uniforme, et un grand pas sera fait. Nous croyons que, sur ce terrain de l'industrie rationnelle et de l'égalité devant la loi, le sucre de betterave recevrait le coup de grâce et qu'il ne pourrait plus

s'en relever. Quoi qu'il en soit ultérieurement,
c'est déjà un grand résultat que cet accord des
raffineurs et des colons, que cette pensée de progrès, de salut et d'avenir, commune à deux industries sœurs, que l'immensité des mers sépare,
et qui furent si longtemps dissidentes et désunies.

VIII.

Enfance de la fabrication coloniale. — Progrès immenses
qu'elle peut accomplir. — Augmentation énorme du rendement de la canne. — La betterave doit ses progrès
plutôt à ses écus qu'à ses idées.

Un voile épais entoure la culture de la canne à
sucre. Tout manque pour nous éclairer : les
hommes, les livres, la liberté. Que se passe-t-il
là-bas sous les tropiques ? quelle culture, quel
engrais, quelles conditions de vitalité faut-il pour
garantir, développer, activer la végétation de cette
précieuse plante ? Quand on pense aux progrès
agricoles de sa rivale métropolitaine et aux éléments de ruine qui sont dans un mauvais système
de culture, ou un choix mal raisonné d'engrais
ou de terrains, on ne s'étonne plus de la prospérité de l'une, ni de la décadence de l'autre. La
betterave a des agronomes illustres qui l'ont ren-
due célèbre; la canne à sucre attend son Mathieu
de Dombasle.

Toujours est-il que la nature du sol, le climat,
la variété de canne, ont une influence considérable sur le rendement à la fabrication et la nature des sucres que l'on obtient; que tel terrain
qui convient à une variété de canne est absolument contraire à une autre variété de la même
plante; que la nature des engrais, les soins apportés à la culture, l'époque de la plantation, sont
des causes de succès ou de perturbation que le
planteur doit connaître. La réunion ou l'absence
des circonstances précitées ou de telle autre peut
multiplier ou détruire les chances de la récolte.

Une extrême humidité et une grande sécheresse
dans le sol ne paraissent pas convenir à la canne

à sucre. Il lui faut un terrain léger, limoneux
facile à diviser. Un bon systême d'arrosage, ou
bien l'eau du ciel — si l'eau du ciel tombait sys-
tématiquement et suivant les besoins de la canne,
— produirait le meilleur effet sur la récolte. Dans
leurs cultures de la Péninsule, les Arabes l'avaient
parfaitement compris, car ils avaient pratiqué des
irrigations dont on retrouve encore les traces en
Andalousie. En effet, le seul examen de l'organisation anatomique de la canne à sucre, suffit pour
annoncer le besoin d'éléments aqueux que né-
cessite la végétation. Naguère, on fit à Saint-Domingue d'immenses travaux pour arroser les plantations. Pourquoi n'en tente-t-on pas de sembla-
bles dans nos colonies? Ce serait une excellente
introduction au nouveau régime qui se prépare
pour elles : épargner la sueur des esclaves, c'est
marcher vers la liberté. Or, tout progrès dans la
culture ou la fabrication doit précipiter cet avènement.

Une question que nous laissons à décider aux
agronomes, c'est celle du systême de culture qui
conviendrait le mieux aux colonies. Il est reconn-
nu que pour la canne à sucre comme pour toutes
les plantes, la terre qui les reçoit plusieurs années de suite s'affaiblit, se fatigue, s'épuise réla-
tivement, bien entendu. C'est une opinion généralement admise, que depuis cinquante ans que
la canne est cultivée et multipliée par plants aux
Antilles, elle a déjà beaucoup dégénéré. A quoi
cela tient-il?... Faut-il lui appliquer le systême
surannée des jachères? C'est absurde et impossible. Il faut donc, ou lutter contre l'épuisement
de la terre à force d'engrais, ou adopter le systême des assolements, c'est-à-dire, un retour pé-

riodique de la canne à sucre de 3, 4 et 5 ans. Quelles seraient les cultures intermédiaires ? les céréales, sans doute. Nous nous contentons de poser la question ; car si le sucre de canne triomphe, si les colonies s'affranchissent, il faudra bien songer à la résoudre, et savoir si Bourbon, par exemple, ira toujours chercher du riz dans l'Inde et à Madagascar, ou s'il ne lui serait pas plus avantageux d'alterner la culture de la canne et des céréales.

Si de la culture nous passons à la fabrication, nous trouvons que celle-ci présente, dans son état actuel, des vices de méthode qu'il est aisé d'apercevoir, et laisse espérer, dans l'avenir, des avantages dont l'importance est facile à apprécier. On ne se fait pas l'idée de l'enfance de l'industrie sucrière dans nos colonies : comment une fabrication au premier âge pourrait-elle lutter contre une rivale déjà en pleine maturité? Dirons-nous que la première opération, celle de l'extraction du suc des cannes, se fait encore, dans la plupart des sucreries, au moyen de l'antique moulin qui fonctionnait chez les moines de Saint-Vincent, en Sicile, sous le règne du roi Guillaume? On peut en avoir l'image et la description dans les *in-folio* illustrés d'avant la révolution : deux paires de bœufs ou de mulets tirent sur des bras qui font mouvoir un arbre, lequel fait tourner trois cylindres, qui saisissent une poignée de cannes, en font couler le jus, et laissent toute la bagasse, bagasse qui ne contient pas moins de 30 p. 0/0 de sucre ? Que fait-on de ce résidu qui ne devrait être, pour ainsi dire, que la partie ligneuse de la plante ? Une partie, ainsi que la tête des cannes, sert à nourrir les bestiaux de la sucrerie, mais la plus grande portion est employée comme combustible. Or, nous ne saurions trop nous élever contre ce procédé déplorable, barbare, ruineux, qui consiste à brûler du sucre pour obtenir du sucre, et nous ne sommes pas les premiers à protester et à conseiller l'emploi de moulins plus parfaits qui, en attendant qu'on supplée à ce fastueux combustible, diminueraient dans une certaine proportion la quantité de sucre qu'il renferme. Ces moulins existent ; ils sont mus par l'eau, les bêtes ou la vapeur, suivant les localités, et de l'aveu même des colons, l'application de ces moulins perfectionnés peut augmenter le rendement en sucre de 12 p. 0/0.

Les opérations pyrotechniques de la sucrerie ne s'opèrent scientifiquement pas mieux que les opérations mécaniques. Le vésou reste beaucoup trop longtemps, après son extraction des vaisseaux de la canne, soumis à la température de 25 à 30 degrès qui est la plus favorable à la décomposition des substances organiques. La défécation ne s'opère pas avec la rapidité nécessaire ; on abuse de l'emploi de la chaux, dont l'action comme alcali, devient, ultérieurement, plus funeste qu'elle n'a été profitable comme agent clarifiant. La chaux peut s'employer sans crainte, si après la défécation on peut filtrer le vésou fin du noir en grain ; mais malheureusement la plupart des colons sont encore à envier à la métropole ce puissant correctif. Ajoutons que la disposition de cette série de chaudières appelée *équipage*, est primitive jusqu'à la barbarie ; que l'action du feu sur les sirops est d'autant plus funeste qu'elle se prolonge davantage, et que dans la *batterie*, cette température justement s'élève alors qu'elle devrait descendre, puisque dans ce cas la désorganisation est en raison directe de la densité. Nous n'entrerons pas davantage dans le détail des améliorations, ou pour mieux dire, de la méthode nouvelle qu'on peut apporter pour se guider dans ce dédale d'opérations dignes des raffineurs du temps des croisades : ce sujet ne peut entrer dans le cadre de notre travail. Nous nous bornerons à dire que l'emploi du noir animal, la substitution de la défécation à la vapeur et des appareils à cuire dans le vide, à ce vieux matériel de fabrication dont les noms pittoresques, — la grande, la propre, le flambeau, la batterie, — réjouissent si fort les concurrents du Nord et du Pas-de-Calais, fournirait un rendement de 17 0/0 en sucre du poids du vésou, au lieu de 12 que les colons obtiennent aujourd'hui.

D'un autre côté, les Américains viennent acheter dans nos colonies, et sans payer de droits, la plus grande partie des sirops, résultat d'une mauvaise fabrication : quand on pense que ces sirops pourraient être transformés en sucre cristallisable qui viendrait augmenter les bénéfices du colon, le fret de notre marine, l'approvisionnement de la métropole, on s'étonne que de telles sources de prospérité soient oubliées ou méconnues.

Maintenant, revenons sur ce monstrueux emploi de la bagasse à 30 p. 0/0 de sucre comme combustible. Sait-on ce qu'il coûte aux colonies ou plutôt à la métropole, à la nation, aux consommateurs ? nous allons le dire. On laisse dans la bagasse autant de sucre que les colonies en expédient en France, c'est-à-dire environ 80 millions de kilogrammes qui représentent une valeur de 40,000,000 de francs. Le prix du combustible colonial représente donc la même valeur !..... Comprend-on ce qu'il y a de monstrueux dans une dépense de combustible égale au prix rémunérateur du produit fabriqué ? Les colons trouvent que la bagasse chauffe parfaitement et développe dans les fourneaux une flamme admirable ; nous le croyons sans peine..... Mais qu'on sache donc que le feu dévore ce qui aiderait à vivre tant de malheureux qui manquent d'argent pour acheter du sucre ; qu'on sache donc que le revenu du trésor, l'aliment de notre marine, la matière première d'une puissante industrie deviennent inutilement sa proie, et on se demandera si un tel vandalisme peut se tolérer plus longtemps, et si le législateur ne devrait pas intervenir. Ne pourrait-on pas voter une loi qui obligeât les colonies à faire venir de la houille d'Angleterre, de Belgique ou de France ? le combustible reviendrait-il à 5 fr. l'hectolitre, le bénéfice résultant de son emploi ne s'élèverait pas à moins, d'après les chiffres présentés par M. Peligot, dans son rapport à M. l'amiral Duperré, alors ministre de la marine, ne s'élèverait pas à moins de 9,251,631 fr., pour 80,000,000 de kilog. de sucre. L'emploi de la bagasse nous coûte donc l'équivalent de 20,000,000 de kilog. de cette précieuse denrée, juste le quart de la récolte coloniale !........

Nous n'avons rien exagéré, rien grossi ; nous écrivons suivant les rapports officiels et l'aveu des colons eux-mêmes. Tout le monde peut consulter ces documents. Que l'on juge si une semblable dilapidation peut longtemps continuer, et s'il n'y aurait pas subversion profonde à tolérer davantage la destruction radicale, l'anéantissement stupide, l'auto-da-fé de 80,000,000 de kilog. de sucre dans quatre colonies et représentant, si l'on procédait autrement, non-seulement le bénéfice d'une exportation importante de houille; mais encore une plus value de 10 millions de francs, en faveur des sucreries........ Chaque abus, dans l'ordre politique, à sa sellette; pourquoi n'en serait-il pas ainsi dans l'ordre industriel ?.....

Les colonies à sucre sont fortement intéressées à démasquer les abus d'une industrie traditionnelle. Elles ne peuvent l'emporter sur leur terrible rivale de la métropole qu'à condition de marcher comme elle dans la voie du progrès et de se retremper dans l'esprit industriel du siècle. Les éléments de succès de la fabrication du sucre de betterave ne lui appartiennent pas en propre; et que les colons se rassurent s'ils pensent être forcés de prendre le brevet d'inventeur. Nous allons rapporter quelques faits qui vont faire tomber cette couronne de progrès que les défenseurs de l'industrie indigène lui décernent si injustement; ces faits sont connus de tous les industriels éclairés; ils ne peuvent manquer d'éclairer vivement la conscience des économistes et des savants, qui dans cette question sont trop portés à attribuer aux efforts de quelques individus ce qui revient de droit au génie de toute les insdustries.

Les progrès, progrès immenses, apportés dans l'industrie sucrière depuis vingt ans, peuvent se résumer en quatre points principaux.

1. Application de la vapeur à haute pression;

2. Application du vide pour la concentration du jus, claircés ou sirops ;

3. Emploi du charbon végétal et animal pour la décoloration ;

4. Emploi des filtres Dumont.

En dehors de ces quatre découvertes, nous ne sachions pas qu'il ait été fait rien de remarquable. Nous ne parlons pas de l'emploi des machines, que l'on doit au progrès des arts mécaniques en général et non au génie particulier d'une seule industrie. Si la betterave en tire gloire, cette gloire est usurpée, elle ne lui appartient pas. Eh bien, les quatre découvertes que nous consignons, voyons à qui en revient l'honneur.

Achard, ce messie de la betterave, dont Margraff n'était que le précurseur, Achard concentrait les sirops au moyen de la puissance calorifique de la vapeur produite sous la simple pression atmosphérique : chaudière plate, couche de sirop très-mince, température du liquide ne dépassant pas 90 degrés centigrades. Rien de long comme ce mode d'évaporation, et rien de funeste comme la longueur dans cette opération. Où changea-t-on ce procédé ? En Angleterre. Quels sont les premiers qui appliquèrent la vapeur à haute pression ? Des raffineurs de sucre de cannes… Mais la betterave en a profité.

On sait que les chaudières à bascule, amélioration notable qui précéda l'adoption du vide, furent inventées par M. Guillon, un raffineur de sucre de cannes. Nous devons les poisonnières au même raffineur ; mais l'appareil à cuire dans le vide, appareil qui renversa les vieilles traditions et reposa l'industrie sucrière sur les principes de la science ; cet appareil qui causa une révolution dans l'art de fabriquer le sucre, révolution qui dure encore, à qui le devons-nous? A Howard, à un anglais, à un raffineur de sucre de canne... Mais la betterave en a profité.

Nous ne parlons que pour mémoire de l'appareil Roth, modification peu heureuse du système Howard, qui n'a qu'un seul avantage, celui de se passer de moteur. Cet appareil, à qui le devons-nous? Où fut-il employé pour la première fois? Dans une raffinerie du faubourg Saint-Antoine, celle de M. Bayvet. D'autres appareils d'évaporation, tels que ceux de John Davis, de Mille Berry, etc., furent inventés en Angleterre. A qui les doit-on? A des raffineurs de sucre de canne.

L'emploi du charbon végétal pour la décoloration des liquides fut indiqué, pour la première fois, par Lowitz, chimiste russe. M. Guillon, le raffineur dont nous parlons plus haut, appliqua le charbon de bois à la décoloration de ses dissolutions de sucre de canne. Quelques années après, les succès obtenus par M. Figuier, de Montpellier, dans la décoloration des vins et vinaigres, au moyen du charbon d'os, donnèrent l'idée d'en essayer l'effet sur le sucre. Les essais réussirent, et les raffineurs, bien avant qu'il fût sérieusement question de la betterave, s'empressèrent d'adopter ce nouvel agent... Mais la betterave en a profité.

Les résultats avantageux obtenus par l'emploi du noir d'os comme agent décolorant, étaient cependant un peu diminués par la dépense que nécessitait son usage à forte dose; c'est alors qu'on eut l'idée de l'employer en grains, puis de le soumettre à une révivification qui lui ren-

drait ses qualités décolorantes énervées, mais
non détruites. On réussit parfaitement, et ce fut
une amélioration remarquable. A qui la doit-on ?
à M. Dumont, raffineur. Où cette découverte fut-
elle appliquée pour la première fois ? Dans les
raffineries de sucre de canne........ mais la betterave en a profité.

Nous l'avons dit, en dehors de ces quatre découvertes capitales, nous ne voyons pas d'autre
amélioration manufacturière un peu notable ap-
portée dans l'industrie sucrière métropolitaine.
La betterave ne peut en revendiquer aucune;
et, pour appuyer les faits que nous venons de
citer, pour corroborer notre opinion, nous ne
croyons pouvoir mieux faire que de citer textuel-
lement M. Mathieu de Dombasle, qui certes ne
peut être accusé de partialité envers la canne à
sucre et la fabrication coloniale. « Un fait qui est
» à la connaissance de tous les hommes, qui se
» sont occupés de la fabrication du sucre, dit-
» il, montre combien on se trompe, lorsqu'on
» s'imagine que le succès ou la chûte d'une fa-
» brique dépend de l'emploi de procédés plus
» ou moins parfaits. Lorsqu'on sut dans le pu-
» blic, vers 1820, qu'une fabrique d'Arras avait
» survécu au naufrage général des sucreries en
» 1815, et que M. Crespel continuait à fabriquer
» du sucre avec profit, malgré l'extrême abais-
» sement des prix, l'étonnement fut universel.
» On jugea que ce fabricant employait sans
» doute des procédés particuliers. On lui de-
» manda des renseignements, qu'il donna avec
» candeur et désintéressement; et il fut reconnu
» que M. Crespel avait toujours travaillé et tra-
» vaillait encore avec les procédés qui avaient été

» employés dans toutes les fabriques qui avaient
» existé en 1812 et 1813. » Plus loin il ajoute :
» Je puis citer un fait moins connu que celui-là,
» mais qui prouve peut-être encore mieux qu'il
» est dans ce genre de fabrication, des condi-
» tions bien plus importantes pour le succès que
» la nature du procédé même que l'on emploie.
» La fabrique de M. Crespel n'est pas la seule
» qui ait résisté à la tourmente qui a renversé
» nos sucreries en 1815 : dans une petite ville
« de Lorraine, à Pont-à-Mousson, il a été fondé
» en 1811 et 1812 deux fabriques de sucre,
» l'une par M. André, la seconde par M. Masson,
» son gendre. Ces fabriques n'ont pas cessé un
» instant de produire, et elles travaillent encore
» aujourd'hui avec profit, et en employant à
» peu près les mêmes procédés qu'elles avaient
» adoptés dès l'origine »

Ajouterons-nous l'aveu même des fabricants de sucre du Nord, aveu consigné dans le compte-rendu de leur séance du 5 janvier 1848. « Le
» progrès de la fabrication du sucre indigène,
» disent-ils, tient davantage à un emploi plus
» intelligent des moyens de travail qu'à un
» changement dans les procédés ; ce progrès est
» le résultat des observations sérieuses de tous
» les fabricants, plus que celui de l'une de ces
» découvertes qui changent quelquefois la face
» d'une industrie. »

Ainsi, voilà une industrie qui n'a jamais pris l'initiative, qui ne possède en propre aucune de ces découvertes qui font époque, qui a trouvé tout au plus quelques améliorations agricoles, et qui cependant a fait d'incontestables progrès. Quelles sont les causes de sa marche ascensionnelle? Faut-il, comme M. Mathieu de Dombasle, l'attribuer plutôt à l'habileté personnelle des hommes qu'à la valeur scientifique des procédés? Sur ce point, nous ne sommes pas de l'opinion de l'illustre agronome. Nous croyons qu'en face du faisceau unitaire de toutes les industries, la personnalité humaine, toute grande qu'elle soit, est en définitive fort peu de chose. L'habileté industrielle consiste moins à inventer qu'à s'approprier les innovations des autres. Les arts industriels ont de nombreux points de contact, et quel autre moyen de la mettre en rapport, sinon d'acheter les procédés ou de remunérer ceux qui les appliquent? Le Nord a très-bien senti cela; aussi la betterave doit-elle plus à ses écus qu'à ses idées. Les chimistes ont fait beaucoup pour elle, mais les capitalistes ont fait davantage. La science lui a donné un nom, l'argent lui a créé une position. Il importe qu'on en soit bien convaincu.

Nous le répétons, l'industrie du sucre de betterave doit ses progrès à l'esprit de spéculation, à la persévérance infatigable de ses commanditaires, à la concentration des capitaux, à la chute successive des petites fabriques, à l'accroissement de la production des grandes usines et par suite, à la perfection de la culture, à la diminution des frais d'administration et de fabrication. Voilà tout le secret de sa grandeur. Mais le capital, ce nerf de l'industrie, est une force passive, et cette force pourrait pareillement profiter à la fabrication coloniale. Quand Rotschild ou le gouvernement le voudra, cette fabrication régénérera ses hommes et ses procédés, et ne manquerait alors ni de bras, ni de machines, ni de capacités.

Qu'elle tombe donc cette auréole de gloire qui entoure l'industrie sucrière du Nord et du Pas-de-Calais, et qu'on soit bien persuadé qu'avec l'aide des capitalistes, Bourbon et les Antilles n'auraient rien à lui envier. L'esprit industriel, Dieu merci, n'est point un monopole, mais par le temps qui court, il est à celui, rien qu'à celui qui peut l'acheter. De graves obstacles s'opposent à cette transaction; ces obstacles, ils sont dans notre système colonial; ce système, nous allons l'examiner.

IX.

Examen du système colonial au point de vue de la fabrication et du commerce du sucre. — Question de l'esclavage. — Introduction des sucres étrangers. — Protection
de 100,000,000 de francs qu'il faudrait accorder à la
betterave, si elle triomphe (1).

Les colonies sont des établissements qui, aujourd'hui, ne sont plus les satellites de leurs
métropoles, ainsi que l'implique le contrat synallagmatique qui les unit, mais bien des points
éloignés, isolés, perdus au-delà des mers, qu'une
protection fictive soutient et qui ne peuvent faire
un pas hors du cercle vicieux dans lequel nous
les enfermons. Aucun progrès de la métropole ne
peut pénétrer dans leur fausse organisation politique et sociale, et ce progrès elles ne peuvent le
trouver en elles-mêmes sans se déclarer libres et
s'affranchir. Cette longue minorité prolonge l'enfance de l'industrie, cet immobilisme porte des
fruits funestes. Rien de semblable, avant la découverte de l'Amérique, ne se rencontre dans
l'histoire de la civilisation. Les républiques
grecque, ionenne, dorienne, éolienne, dont la
population était limitée par l'exiguité de leurs
territoires, et la constitution politique souvent
troublée par la violence des factions, fondèrent
un grand nombre de colonies, dont la plupart

---

(1) Nous publions la suite des articles de M. Dureau sur
la question des sucres. Nous ferons observer à nos lecteurs
que cet article, ainsi que ceux qui vont suivre, étaient entièrement terminés avant les derniers évènements politiques, et que la proclamation de la république n'a pas
changé un seul mot au travail de l'auteur.

s'élevèrent à un degré d'opulence qui surpassa celle de la mère-patrie. Les émigrations quelquefois forcées, souvent volontaires, qui leur donnaient naissance, étaient dirigées par des hommes d'élite et renfermaient des éléments actifs de prospérité dans toutes les branches, car elles emportaient avec elles les traditions de la patrie, le culte des sciences, des lettres et des arts. Les colonies grecques fondées en Italie, en Sicile, dans l'Asie Mineure, étaient des états indépendants qui, sans y être obligés, portaient assistance à la mère-patrie dans les circonstances suprêmes, mais qui, dans les relations politiques et commerciales ordinaires, traitaient sur le pied de la plus parfaite égalité. Il n'en est point ainsi des nôtres. Possédées en partie par une aristocratie coloniale qui dépend elle-même de l'hypothèque, composées principalement d'esclaves, puis d'une population nomade, flottante, que rien n'attache au sol, elles sont un exutoire dans la paix, un embarras pendant la guerre. Trop faibles, trop incohérentes d'esprit pour se défendre, elles tomberaient au pouvoir de la première flotte ennemie qui viendrait s'embosser dans leurs ports. Le pavillon de la patrie le soutiendraient-elles si elles en avaient le moyen? Cela n'est pas certain, et rien ne les y oblige. C'est la loi vitale des colonies de se séparer de leur mère-patrie et d'aspirer d'autant plus à s'émanciper qu'elles ont gémi plus longtemps sous la dépendance métropolitaine. Les colonies anglaises de l'Amérique du Nord nous en ont donné un exemple vers la fin du dernier siècle. Tous les jours quelque pierre se détache de l'édifice colonial élevé par les Européens. Nos idées le font trembler jusque dans ses bases, notre intérêt nous commande d'en faire table rase. Y serions-nous opposés, la force des choses en amènera malgré nous la chute. L'affranchissement de toutes les colonies européennes est moralement consommé. La question est de savoir à quelle époque ce grand acte de solidarité, d'unité et de justice s'accomplira, afin de mieux sauvegarder les intérêts qui s'y rattachent.

Le système colonial n'est autre chose que la constitution octroyée jadis par un pouvoir ignorant et avide à des marchands coalisés qui ne rêvaient que bénéfice immédiat et monopole. C'est lè premier pas du commerce transatlantique, le premier égarement de l'esprit mercantile. Il est né de cette idée fausse que l'or constituait seul la richesse, idée qui a dépeuplé l'Amérique et démoralisé l'Europe. C'est aussi à lui que nous devons la théorie de la balance du commerce, les horreurs de la traite des noirs, et l'embarras où se trouvent aujourd'hui les colonies à sucre françaises, placées entre les besoins toujours croissants de la consommation et la rivalité inattendue des producteurs de la métropole. En effet, le chiffre de la production sucrière coloniale est limité, moins par l'exiguité du territoire ou le peu d'étendue des plantations, que par la difficulté d'apporter des améliorations dans ce qui existe. Ce n'est plus 60,000,000 de kilog. de sucre que demande la métropole, il lui en faut aujourd'hui 150 millions ; dans 10 ans elle en exigera peut-être 500. Nos colonies peuvent-elles atteindre ce chiffre normal de la consommation ? Dans l'état actuel des choses, non : avec l'émancipation des noirs,

4

pas davantage. Il faut donc s'adrésser à l'étranger ou à la betterave; mais, alors que devient le système colonial, la foi jurée, l'esprit du contrat ?.....

Il existe entre la métropole et ses colonies, un contrat synallagmatique qui oblige la première à acheter tous les produits de ses colonies et impose à celles-ci de s'approvisionner exclusivement dans les ports de France et par navires français de tous les produits dont elles auraient besoin. C'est un traité de dupes, dans lequel la métropole donne pour sa part des coups de ciseaux tous les jours. Il va sans dire que l'engagement pris par la métropole d'acheter à ses colonies toutes leurs denrées, implique à l'industrie coloniale des conditions d'existence, de viabilité, de prospérité telles, que ces denrées soient assez abondantes pour fournir à la consommation d'une population qui va toujours en s'augmentant et dont les besoins se multiplient chaque jour. Or, comment cela serait-il possible ? La France compte aujourd'hui 35 millions d'habitants; les colonies ont ensemble environ 40 mille colons. Nous cherchons en vain les lois de statique commerciale qui peuvent équilibrer, sans préjudice de l'un ou de l'autre, le commerce et l'industrie de 35,000,000 de producteurs d'une part, et de 40,000 de l'autre. Ne vaudrait-il pas mieux dire à la France : Nous ne pouvons produire que 80,000 kilog. de sucre, n'en consommez pas davantage ; à notre marine marchande : Vos vaisseaux suffisent pour nos transports, n'en construisez pas d'autres ; au commerce de transit et d'exportation : Abstenez-vous, cessez d'être, baissez pavillon, vous consommez trop, je n'ai plus rien à vous offrir, privez-vous, si vous voulez exporter.

Comment s'étonner qu'un tel système encourage et légitime en quelque sorte la production indigène en France et chez les nations intérieures qui proscrivent nos idées, nos livres, nos journaux, mais qui n'ont assurément pas la peine de prohiber nos produits coloniaux..... Le fétéchisme traditionnel que nous portons au système restrictif a fait cesser depuis longtemps l'exportation du sucre chez les nations du Nord de l'Europe; tandis que si ce déplorable système n'existait plus, si comme les Américains nous avions l'univers pour colonies, la betterave à sucre ne croîtrait pas sur les bords du Rhin et jusque dans ces champs de la Russie où passa jadis la grande armée. Là, comme ailleurs, on apprend à se passer d'une nation assez folle pour briser les relations matérielles, qui, comme les relations morales, l'unissent à tous les peuples du globe et font de son existence l'existence même de l'humanité. Il n'y a plus que la fausse économie politique, le faux commerce, la fausse industrie qui disent encore : il y a des Alpes, il y a des mers, il y a des Pyrénées.

Le dédain que l'on affecte pour l'industrie de l'Amérique ne peut s'expliquer au moment où le genre humain est appelé à se compléter, s'organiser, se solidariser par la civilisation de cette belle moitié du globe où la terre est si féconde, le soleil si généreux. La découverte de l'Amérique qui, à son origine, a porté si haut les espérances de l'esprit humain, est appelée à les réaliser un jour. Ne voit-on pas que là où la nature fait tout pour l'homme et allége par la condité du sol le fardeau du travail, là est un principe de vie, de bonheur, d'organisation, un laboratoire puissant où s'élaborent sans peine les éléments de notre laborieuse existence?

Que l'Europe échange donc les produits de son activité contre les productions spontanées du climat américain, et la tache sera diminuée par tous les jouissances augmentées pour chacun. A l'Europe les machines, au Nouveau-Monde son soleil. Que les produits de ces deux agents circulent librement. Telle est la loi. Si on la viole, c'en est fait des travailleurs, c'en est fait de l'industrie, c'en est fait du commerce. Que si on oppose la nécessité de l'esclavage pour la culture tropicale, nous demanderons si notre zone est seule faite pour la liberté industrielle?... Si les légumes du potage européen sont des attributs d'indépendance, il y aurait donc une aristocratie de végétaux, comme on dit qu'il existe une aristocratie de race?... Le territoire de Rome fut jadis cultivé par des mains consulaires ; on l'oublia sous les empereurs, alors que de malheureux esclaves fouillaient seuls la terre... Il en est de même aujourd'hui : Des philantropes indigènes pensent, répètent, veulent prouver que parmi les plantes sacchariféres la betterave est la seule qui soit compatible avec la dignité de l'homme libre... Ils n'oublient qu'une chose, c'est que Dieu commande le travail partout et ne permet l'esclavage nulle part ; c'est que la liberté peut aussi bien s'asseoir à l'ombre des mornes des Antilles que sous la chaumière du paysan flamand... Le travail est cosmopolite, la liberté n'a point de patrie.

Tant que l'industrie coloniale reposera sur

l'esclavage, le progrès s'éloignera d'elle. Elle succombera, et ce sera justice. C'est facile à prouver. Qu'est-ce qui a fait descendre les colonies à ce degré de faiblesse et d'abaissement où nous les voyons aujourd'hui? l'esclavage. Qu'est-ce qui a épuisé la terre et abâtardi les plants de canne à sucre aux Antilles? l'esclavage. Qu'est-ce qui fait que les méthodes surannées de la vieille industrie se perpétuent sans modifications? l'esclavage. Qu'est-ce qui avilit le travail aux yeux des planteurs et rend le séjour des colonies odieux aux émigrés européens? lesclavage. Qu'est-ce qui décuple la main d'œuvre et écarte l'emploi des machines? l'esclavage. C'est l'esclavage qui est le mauvais génie des colonies, c'est l'obstacle permanent à tous les progrès; c'est aussi le fantôme qui apparaît toutes les nuits au chevet des colous; car, si les nègres étaient libres, que deviendraient les plantations, les sucreries, les colonies? L'industrie vit surtout dans l'avenir, l'esclavage aux yeux de personne ne peut y vivre. C'est là ce qui paralyse tous les progrès et ruine lentement nos possessions coloniales.

Ce qui rend cette position fâcheuse, c'est qu'on croit ne pouvoir en sortir. On avance que la culture de la canne à sucre exige impérieusement la main des esclaves et que ce travail est si pénible qu'aucun travailleur libre ne voudrait s'y livrer. Les faits se pressent en foule pour démentir cette assertion. Qu'on se reporte à ce que nous avons dit dans l'histoire des transmigrations de la canne; qu'on se rappelle que cette plante fut cultivé longtemps par les mains libres des Maures et qu'elle croît encore aujourd'hui dans l'Andalousie, sous les cîmes brûlantes de la Sierra-Nevada. Les cultivateurs de Madère et de la Chine remplacent parfaitement les nègres et apportent plus qu'eux dans cette culture l'attention, l'adresse, le travail de mains que la canne, comme toutes les plantes vivaces, exige pour se développer avec profit. C'est là un fait accompli, c'est aussi un fait reconnu que la culture par les esclaves ne produit pas plus de 1/10 de ce que l'on pourrait obtenir par des mains libres. N'est-il pas évident par ce seul avantage, que l'appoint de l'intelligence jeté dans la balance, la ferait pencher du côté de la liberté et diminuerait le fardeau des labeurs en raison directe du produit net du travail?

D'un autre côté, s'il était prouvé que la culture de la canne à sucre aux Antilles fût un travail trop pénible pour des travailleurs asiatiques ou des bras européens, ne serait-ce pas une preuve victorieuse des conséquences absurdes et du danger de notre système colonial? Dans cette hypothèse, ne serait-il pas puéril de s'obstiner à remplir les conditions du contrat synallagmatique, contrat qui nous oblige, quoi qu'on dise, à nous faire marchands d'hommes et à payer au poids de l'or, des remords et des larmes un produit qui naît dans les champs libres des Indes-Orientales et que les préjugés commerciaux nous empêchent seule d'admettre dans nos ports? Et puis, en fin de compte, veut-on connaître la proportion numérique des travailleurs de cette industrie pour laquelle on n'a pas honte de sortir du droit commun, de proposer le maintien de l'esclavage et de tolérer un odieux trafic qui deshonore l'humanité?

Pour cultiver les champs de cannes dont le produit suffirait à la consommation de toute la France, il ne faudrait pas plus de 20 mille travailleurs... Il en faudrait à peu près autant pour les travaux intérieurs des sucreries... Nous nous trompons : si les créoles faisaient un luxe moins grand d'esclaves, si leur domesticité était moins nombreuse, leur personnel de fabrication plus habile, s'ils s'abstenaient, dans leurs fêtes, d'illuminer l'ombre des mornes des lueurs de leurs flambeaux vivants, ils en épargneraient au moins 10 mille !... Or, nous maintenons que les 10 mille travailleurs qui restent dans les sucreries, ne sont pas voués à des travaux plus pénibles que les nombreux ouvriers des raffineries, des filatures ou des fonderies de la métropole. Nous ne voulons certes pas embellir leur sort des fausses lueurs de la philantropie ; mais leurs travaux, dans une organisation normale, sont parfaitement compatibles avec les exigences du droit social et du droit naturel. Ce n'est donc que pour les cultivateurs que la liberté sera douteuse... Ah nous prenons acte qu'après notre immortelle révolution, après la rénovation du christianisme, après les travaux scientifiques et industriels qui sont venus en consacrer les principes, nous prenons acte qu'il faut au luxe de 35 millions d'âmes le travail de 20 mille pauvres parias, fouillant chaque jour, abreuvés de souffrances, le sol brûlant des Tropiques.

Eh quoi ! leur sort ne démentirait-il pas la philosophie, la révolution, la liberté même ? Qui ne s'empresserait de se sacrifier pour la liberté, à supposer qu'elle exigeât cet holocauste ? Comment croire que chez un peuple qui compte tant de héros du dévoûment, tant de martyrs de la liberté, il ne se trouverait pas cinq régiments de travailleurs dévoués, spontanés, volontaires qui, nouveaux Curtius, se jetteraient dans le gouffre et se sacrifieraient pour le principe plutôt que de le laisser périr !

Nous le disons hautement, si l'industrie sucrière coloniale ne pouvait se maintenir que par l'esclavage, il faudrait ou la supprimer, ou l'exercer par le dévoûment d'une armée d'industriels. Mais cette croyance est bien loin de notre esprit, et nous sommes tellement persuadés que la liberté est de toutes les zônes, de tous les climats et s'accorde avec n'importe quelle culture que l'esprit humain a reconnue utile à l'espèce, que nous ne pouvons nous lasser de répéter aux colons : le mal, ce n'est point la rivalité de la métropole, c'est la conséquence du maintien de l'esclavage.

L'ennemi, ce n'est pas en France qu'il réside, c'est dans vos champs qu'il campe. Ce qui vous énerve, ce n'est pas le climat, c'est le pouvoir odieux qu'il vous est permis d'exercer. Votre dégoût pour le travail, ce n'est point le travail qui vous l'inspire, ce sont ceux qui l'exercent. Respectez l'homme et vous apprendrez à l'épargner. Soyez avares de sueur humaine et vous inventerez les machines qui l'empêchent de couler. Relevez l'esclave de son abjection et vous ennoblirez tout ce qu'il touche. Remplacez le fouet par la volonté, la routine par la méthode, la tradition par la théorie et vous aurez des hommes, une culture, une industrie, un avenir assuré. D'ici là, soyez en sûrs, vous serez condamnés pendant le jour, pendant la nuit, pendant la sieste, à craindre chaque lueur d'émancipation, à trembler devant le spectre de la révolte, et nos rivaux, exploitant habilement votre incertitude et vos peurs, **vous** étoufferont en invoquant la liberté!

L'émancipation commence, il est vrai; mais nous cherchons vos affranchis. Où sont-ils? Ils se font portefaix, bateliers, porteurs d'eau, petits marchands; ils vendent du tafia, des liqueurs fortes, ils sont les valets de la colonie; on les trouve partout, excepté dans vos sucreries et dans les champs que la sueur de leurs frères arrose. La terre a été trop dure pour eux, pour qu'ils ne s'en éloignent pas avec terreur. Il faudrait à la fabrication coloniale des métayers, des fermiers, des petits propriétaires ; mais l'affranchissement ne fait que des valets et des commissionnaires, tant le stigmate de l'esclavage a peine à disparaître là où le temps en a gravé l'empreinte! Que l'émancipation des noirs porte, dans les colonies françaises, d'heureux fruits pendant le premier siècle, ce n'est pas probable ; mais il faut se demander si l'esclavage n'en porterait pas de plus mauvais, à supposer qu'il fût longtemps possible, et s'il ne vaut pas mieux que nos colonies meurent de liberté que de vivre d'esclavage. Il serait dangereux de se le dissimuler : dans un cas comme dans l'autre, elles ne peuvent tarder à se détacher de la métropole; car, nous l'avons **vu,** elles sont loin de lui suffire et sont un maigre aliment pour son industrie et sa marine. Qu'elles tombent donc, puisqu'il le faut, et que la proue de nos vaisseaux se tourne vers tous les littorals, que le vent de toutes les mers gonfle leurs voiles. Il faut à la France, comme à l'Angleterre, comme à l'Amérique, le monde pour colonies ; il faut aller chercher le sucre dans les Indes, à Java, au Brésil, en Chine, à Ceylan, partout où croit et se cultive la canne, partout où prospère l'industrie. Voilà la bonne politique commerciale, le vrai nœud de la question, et, le remède radical, c'est l'admission à droits égaux des sucres étrangers. Nous n'en voyons pas d'autre.

L'idée que, Dieu merci, nous ne sommes pas des premiers à émettre, n'est point une utopie commerciale; c'est une rigoureuse nécessité de la part que nous ont faite les traités de 1814, et depuis, la nature des choses. Qui donc doute, aujourd'hui, qu'à la première guerre européenne nos colonies nous seront enlevées? Qui doute de l'émancipation prochaine des noirs et de l'abolition universelle de la traite? Qui doute qu'un régime de liberté causera pendant un siècle la ruine de nos colonies, et qui peut croire que si après ce noviciat elles réorganisent leurs cultures abandonnées, ce sera pour se remettre sous le joug de la métropole, à supposer que celle-ci eût encore en vue une tutelle impossible et hors de saison? Personne assurément. Que dans dix ans ou vingt ans, nous n'ayons plus de colonies, rien n'est donc plus certain. Est-ce à dire que nous n'aurons plus de marine? A Dieu ne plaise! Les États-Unis qui n'ont point de colonies, ont la marine marchande la plus nombreuse de l'univers. L'intérêt colonial, dans un avenir plus ou moins éloigné, est donc bien distinct de l'intérêt maritime. L'un peut périr sans que l'autre périclite. Et c'est là ce qui nous fait dire : Vos colonies ne peuvent produire assez de sucre, allez le chercher à l'étranger.

On connaît, du reste, le bas prix relatif du sucre des colonies anglaises, espagnoles et hollandaises. Nous avons dit les progrès immenses

que l'on peut apporter dans la culture, l'extraction et la fabrication. Nous avons prouvé que le
rendement pouvait doubler sans augmentation du
prix de revient. Nous avons exposé que l'industrie coloniale est partout dans sa première enfance, tandis que la fabrication du sucre de betterave touche déjà à son apogée. Que le sucre de
canne descende, avant vingt ans, à 30 centimes
le kilog. en entrepôt, cela n'est pas douteux ; que
le sucre de betterave ne puisse jamais coûter
moins de 50 centimes, cela est certain. La loi
physiologique est là pour régler le rendement
respectif de ces deux plantes de nature si opposée. La betterave, malgré tous ses progrès, ses
efforts et ses capitaux, ne pourra entrer en lice
avec la canne, le jour où celle-ci sera aussi sa-
vamment exploitée qu'elle. Quoi qu'on fasse ultérieurement, la différence du degré saccharifère,
tout à l'avantage de la canne, produira avant
peu, malgré l'éloignement du lieu de production, une différence de 20 centimes au moins en
faveur de chaque kilog. de sucre colonial. Qu'en
résultera-t-il, si on laisse s'accroître encore cette
industrie parasite, si on tolère qu'elle s'empare
du marché national et fournisse à elle seule à la
consommation de toute la France ? Le résultat
est facile à prévoir. Ce résultat est désastreux.

Nous avons évalué la consommation du sucre,
à une époque qui pourra coïncider avec celle que
nous assignons à la chute du système colonial, à
500 millions de kilog., qui, en sucre de canne,
coûteraient 150 millions de francs, et, en sucre
indigène, 250 millions. *C'est donc une protection de
100 millions de francs qu'il faudra accorder à la betterave ! Qui paiera cette protection ? le consom-*

mateur. Qui sera lésé dans ses intérêts ? le consommateur, riche comme pauvre, puisqu'on l'o-
bligera à payer aux producteurs de sucre de betterave une prime, une subvention, une aumône
protectrice de 20 centimes par kilog. Est-ce clair?
Les chiffres ont-ils assez d'éloquence et voit-on
enfin dans quel abîme financier nous conduit cet
engouement pour une industrie parasite, artifi-
cielle, transitoire, bonne pour tromper les besoins d'un peuple assiégé, bloqué, affamé, mais
qui ne saurait plus longtemps convenir à une nation de producteurs ?... Une protection de 100
millions de francs à une industrie qui se targue
de nationalité et prétend nous affranchir de l'é-
tranger !.. Que serait-ce donc, grand Dieu, si
ces étrangers, ces producteurs de l'Inde, des Antilles et de l'Amérique, qui font du sucre jaune
pour le bon plaisir de leurs métropoles, s'avi-
saient, lorsqu'ils seront affranchis, de le mettre
en pains et de nous l'envoyer tout raffiné ? Il leur
en coûterait peut-être 5 centimes de plus, tandis
que le sucre de betterave qui ne doit ses qualités
qu'au raffinage, c'est-à-dire à de longues et coûteuses opérations, serait toujours grevé des 40
centimes que les raffineries prélèvent comme ré-
munération. Voilà le gouffre financier qui s'élar-
git d'une manière effrayante, car, tandis que le
sucre raffiné colonial ne coûterait que 35 centimes, le sucre raffiné indigène reviendrait à 90
centimes; mettons 85, et nous aurons encore
contre lui 50 centimes par kilog.

C'est donc dans l'avenir une protection de 250
millions de francs, et de 75 millions dans le présent, en se tablant sur la consommation actuelle!.... Mais nous aurions l'indicible et pa-

triotique jouissance de manger un sucre national, récolté dans les champs français, fabriqué
par des mains françaises, vendu par des marchands français : admirable compensation !

Espérons que les docteurs de cette merveil-
leuse économie politique s'empresseront aussi de
trouver les similaires ou les équivalents du café,
du cacao, du thé, du poivre, du gingembre, de
la cannelle, de la vanille, du rhum, en un mot,
de tous les produits du Nouveau-Monde, et que
désormais tout bon français tressaillera d'une joie
patriotique en voyant dans son jardin, ses champs,
son potager, un diminutif, une miniature, une
nomenclature vivante de toutes les productions
du globe. Pauvre Colomb ! pourquoi as-tu découvert l'Amérique ?

X,

La fabrication du sucre de betterave au point de vue de l'agriculture, de l'industrie et de la marine. — Hypothèse d'une guerre maritime. — Fraude qui s'exerce sur le sucre de betterave. — Diminution dans la récolte des céréales. — La prospérité du département du Nord.

La tendance générale de tous les peuples est aux intérêts matériels ; mais cela ne veut pas dire ainsi que le pensent quelques esprits chagrins, que l'esprit humain tourne au matérialisme, et abdique dans des pratiques vulgaires les hautes spéculations du passé. Au contraire : cette tendance conduit l'homme à appliquer les dogmes de sa conscience, à réaliser les espérances de son cœur. Quels sont ces dogmes ? L'unité de toutes les nations du globe dans un fédéralisme politique, scientifique, industriel et commercial. Quelles sont ces espérances ? La fraternité universelle, la solidarité des peuples dans leurs moyens de vivre, c'est-à-dire dans l'industrie. Proclamons donc que, si dans l'ordre spirituel les peuples sont solidaires, ils le sont pareillement dans l'ordre matériel. Donc, les questions d'intérêt matériel sont aussi, sont toujours, au fond, des questions d'intérêt moral. En nous efforçant d'appeler l'attention publique sur la partie économique de la question des sucres, nous attirons nécessairement les regards vers la partie philosophique, et s'il nous arrive de sacrifier un des intérêts engagés dans cette question, ce n'est point en vue d'un autre intérêt, c'est au nom d'un principe.

Cette explication faite, continuons. Nous croyons avoir démontré que, dans l'ordre scientifique, la fabrication du sucre de betterave est opposée aux conditions normales de la production ; que dans l'ordre économique, elle porte le trouble dans les relations commerciales des deux hémisphères ; que dans l'ordre financier, elle menace sérieusement l'intérêt du consommateur. Après cela, nous cherchons les avantages qui lui restent. Néanmoins, nous allons examiner ceux que ses partisans présentent, et réfuter les arguments que l'on a continué de faire valoir en sa faveur.

On a dit que la culture de la betterave favorisait la culture générale de la France en introduisant une excellente amélioration dans le régime des assolements. L'argument est spécieux, mais comment peut-on s'y laisser prendre ? Les terres plantées en betteraves occupent une superficie qui ne dépasse pas de beaucoup 20,000 hectares, et la superficie totale du sol dé la France est de 53,000,000 d'hectares. Les fabriques sont presque toutes massées dans les départements du Nord et du Pas-de-Calais ; et ces deux départements concentrent à eux seuls les 5/6 de la production indigène. On se demande quelle peut être l'influence de la culture en betteraves d'une portion de la Flandre, de l'Artois et de la Picardie, sur les contrées de la France où l'agriculture est en retard, telles que la Bretagne, les Landes ou la Marche. Cette influence n'a jamais existé que dans l'imagination de M. Mathieu Dombasle et dans celle de ses adhérents.

D'un autre côté, la betterave est une plante épuisante, avide des meilleurs sucs du sol, et qui ne peut être cultivée qu'à force d'engrais, même dans des terrains très-fertiles : elle ferait triste figure au milieu des landes de la Bretagne. Quant à son intercallation dans un système d'assolement, comme récolte sarclée entre des récoltes de céréales, c'est une théorie agronomique dont nous ne contestons certes ni le mérite ni l'utilité, mais qui est appliquée moins que jamais et qui ne peut pas l'être. Voici pourquoi.

La longue mansuétude du pouvoir envers la betterave, mansuétude qui est devenue une véritable protection, a créé pour les cultivateurs une prime qui dépasse 700 francs par hectare. On peut s'en faire une idée par le haut prix du fermage des terres qui, dans le voisinage des grands centres de production, s'élève à 200 fr. par hectare, c'est-à-dire 7 à 8 fois plus cher que partout ailleurs. La betterave se cultive au moins dix années de suite dans le même champ ; on supplée à l'épuisement de la terre par des engrais énergiques, choisis et abondants. Ces engrais sont spéciaux, leur nature a une influence considérable sur le rendement à la fabrication, et comme on ne les rencontre pas partout, cette condition ajoutée à celle que nous venons d'exposer, fait de la culture de la betterave une culture exceptionnelle qui ne produit pas la moindre amélioration à l'avantage du pays, mais crée tout simplement une prime énorme en faveur de quelques propriétaires de deux ou trois départements.

Les propriétaires, fabricants ou capitalistes, ont la priorité dans cette culture, et la nature des choses aidant, ils en conserveront à tout prix les bénéfices. L'argument que l'on invoque pourrait avoir une certaine valeur, si les fabriques étaient réparties uniformément sur la surface du territoire ; mais cela n'est pas et ne peut pas être. Il est dans la nature de cette industrie de se concentrer dans quelques foyers où elle trouve tous les auxiliaires dont elle a besoin pour produire avec économie. Il lui faut des machines, des engrais, de la houille, du noir d'os, des ouvriers habiles en plusieurs genres et de plus, le voisinage des grands centres de consommation, des débouchés faciles, des voies de communications toujours ouvertes. Le nord de la France réunit admirablement toutes ces conditions de prospérité. Nous ne voulons pas dire que telle autre contrée de la France, soit du Midi ou de l'Ouest, ne pourrait pas aussi bien les posséder; mais là comme dans le Nord, la même industrie, si elle y était naturalisée, se concentrerait infailliblement dans deux ou trois chefs-lieux, qui attireraient à eux seuls cette rosée de bénéfices que les partisans de la betterave promettent au moindre hameau. La culture de cette racine peut faire la fortune de quelques propriétaires; mais à coup sûr elle n'enrichira jamais l'agriculture du pays.

Après avoir fait valoir l'intérêt de l'agriculture, on a invoqué l'intérêt du peuple. Touchante sollicitude ! La betterave à sucre, dit-on, fournit aux bestiaux une nourriture abondante et très-propre à les engraisser. Cette nourriture favorise ainsi l'élève du bétail national, nous affranchit de l'étranger, etc., etc. Rien n'est plus faux, et voici comment : la betterave, comme racine fourragère, convient parfaitement à la nourriture du bétail ; mais de cette racine il n'en est point question. Ce que l'on donne aux bestiaux, c'est le résidu de la betterave à sucre, la pulpe dont on a extrait la partie la plus nutritive, que l'on a macérée, pressée, desséchée jusqu'uà la fibre. Cette pulpe, qui ne se vend pas plus de 6 fr. les 1000 kilog., est une pauvre nourriture pour le bétail ; et cela est tellement reconnu qu'on la mélange toujours avec d'autres substances plus nutritives. Malgré cela, les bestiaux qui en mangent profitent peu et ne fournissent qu'une chair flasque, d'un mauvais goût et qui ne peut en aucune façon soutenir la comparaison avec celle qui provient des bestiaux qui paissent librement dans les champs, ou qui sont engraissés à l'étable avec les produits de la culture des prairies artificielles.

L'élève du bétail est une industrie d'un haut intérêt assurément, mais qui n'est et ne sera jamais subordonné à la culture de la betterave à sucre. L'Angleterre et l'Ecosse ne se livrent point à la fabrication du sucre indigène, et tout le monde connaît l'état florissant de leur magnifique agriculture. La production du bétail est, chez eux, hors de toute comparaison avec la nôtre, et nous n'obtenons en céréales qu'un tiers de la quantité qu'ils récoltent, grâce à leurs procédés de culture. Nous sommes vraiment surpris de tant de mauvaise foi ou de tant d'ignorance, quand nous voyons faire de la fabrication du sucre en France une condition *sine qua non* de progrès pour son agriculture, tandis que l'Angleterre est la preuve vivante du contraire. Nous croyons, au contraire, qu'on favoriserait bien davantage l'industrie agricole, surtout dans ces excellentes terres du Nord, par un système de culture alterne en froment, lin, colza ou œillettes. Personne n'ignore que la cul-

ture des graines oléagineuses a contribué fortement à enrichir l'agriculture de la Flandre, et
que le Nord de la France lui doit une parie de sa
prospérité. Cette culture; aujourd'hui, reste stationnaire, et bientôt, grâce à la culture de la betterave, elle sera en partie abandonnée.

Les fabricants de sucre indigène veulent nous
affranchir de l'échange, mais ignorent-ils donc
que nous allons chercher chez ces farouches étrangers 60 à 70 millions de kilog. de graine de lin,
de sésame, d'arachides, etc.? Echange pour
échange, dépendance pour dépendance, lequel
vaut le mieux d'être tributaire de la Turquie, de
l'Egypte, de la Baltique et de la mer Blanche
pour les graines, ou des Antilles, de l'Inde, du
Brésil et de Ceylan pour le sucre?... Sortez de
ce cercle vicieux, si vous pouvez.

Que dit-on encore en faveur du sucre de betterave? On évoque la guerre, une guerre maritime
surtout; on nous montre, sous l'empire, le sucre
s'élevant jusqu'à 6 francs la livre, et la crainte de
le payer encore le même prix, se joint à la peur
d'en être privé complètement. Que de puérilités,
que de craintes chimériques, il y a dans ces arguments. De tels principes démontrent que l'esprit
de guerre, s'il existe encore, est du côté de ces
philantropes qui font tant d'efforts pour nous
mettre à même de soutenir la lutte sans privations matérielles, sans troubler les jouissances de
la salle à manger. Nous croyons, pour notre part,
que ce serait un grand malheur si un peuple faisait la guerre sans ressentir cruellement les maux
qu'elle apporte, sans songer parfois aux jouissances qu'elle en fait évanouir.

Si un tel peuple marchait au champ de bataille

en laissant dans ses foyers une population tranquillement assise à la table des festins, ce peuple serait sans âme, sans patriotisme, sans énergie. L'histoire est là pour le prouver. Nous pourrions en citer de mémorables exemples. C'est pendant une fête que Babylone se laissa surprendre et égorger. Qu'on se rappelle, au contraire, la belle défense de Lille en 1792, Lille, dont les patriotiques habitants, sous le feu d'un bombardement qui dura sept jours, souffrirent la faim et mangèrent les aliments les plus vils plutôt que de se rendre aux Autrichiens !... Leur patriotisme avait-il besoin de ces denrées coloniales dont on craint tant d'être privé ? De tels arguments sont bien dangereux. Si un peuple n'avait rien à perdre à la guerre, il tomberait dans tous les excès de l'esprit de conquête ou dans toutes les hontes de l'asservissement ; il se ferait conquérant ou esclave. L'isolement commercial d'une nation, comme l'isolement moral, loin de prévenir la guerre, est, au contraire, le plus sûr moyen de la perpétuer. Une nation n'est riche que de la richesse des autres nations; un peuple n'est heureux que du bonheur des autres peuples. Que l'univers devienne la commune patrie de tous les hommes, que le commerce soit cosmopolite, et la paix du monde est assurée.

Le système de la paix compte aujourd'hui de nombreux partisans ; mais à supposer cependant qu'une guerre maritime vînt nous surprendre, cette guerre briserait-elle nos relations coloniales aussi complètement qu'on l'imagine ? Nous ne le croyons pas. Il est une nation que sa situation géographique, la fertilité de son territoire, l'esprit de ses institutions, laissera toujours en dehors de nos luttes : c'est la république des Etats-Unis. Nous avons déjà vu que dans les guerres de l'empire avec l'Angleterre, les Américains eurent le droit d'importer en France une certaine quantités de produits coloniaux. Ce droit était singulièrement restreint par la jalousie de la Grande-Bretagne ; mais la situation est bien différente, aujourd'hui que la marine américaine est assez forte pour faire respecter le droit des neutres et l'exercer dans toute sa plénitude. Elle l'exercerait sans aucun doute, et, comme le pavillon couvre la marchandise, que les émules de Brillat Savarin se rassurent, ils auraient du sucre et du café.

Si, d'un autre côté, nous devions voir se renouveler les rigueurs du blocus continental, croit-on que l'Angleterre s'accommoderait long-temps de ce régime et se résignerait à étouffer sous le poids de ses richesses ? Non, assurément, ses marchands sont trop puissants, leur puissance trop utile à son gouvernement, et ses vaisseaux, tout en faisant le siége de la France, favoriseraient la liberté des mers. L'intérêt des deux nations leur commande, même en temps de guerre, le maintien des relations commerciales d'outre-mer par l'intermédiaire d'une nation neutre. Que le sucre importé en France vienne des Indes-Orientales, de l'Amérique du Sud ou de nos propres colonies, il est certain que nous ne saurions en être privés d'une manière absolue. Que si on suppose entre les deux nations une lutte trop ardente, une guerre acharnée et de longue durée, ce n'est pas du sucre qu'il faudrait à la France, mais de la poudre, du fer et des balles.

Sans doute, la guerre nous ferait perdre nos

colonies, sans doute la production du sucre colonial serait fortement compromise; mais nous demandons si notre tutelle n'est pas une véritable fiction, et si, même en temps de paix, Bourbon et les Antilles peuvent rester davantage sous la dépendance métropolitaine ? Nous répondons négativement, et c'est cette certitude qui nous fait dire : la ruine de nos possessions coloniales, c'est l'aurore de leur liberté, l'affranchissement de toutes les colonies européennes, c'est la naissance d'un peuple libre ; or, un peuple libre, c'est un concurrent. Vous aurez donc à lutter contre les producteurs libres des Indes, des Antilles, de l'Amérique. Pouvez-vous soutenir cette lutte ? Non. Eh bien ! protégez donc vos fabricants de sucre indigène, et ruinez le trésor pour les faire vivre... Nous vous attendons à l'issue de la première guerre, alors que le même vent de liberté soufflera sur les deux mondes.

Après avoir constaté que notre agriculture n'a rien à gagner au maintien de la fabrication du sucre de betterave, nous allons prouver que notre industrie, dans un grand nombre de branches, a tout à y perdre. Nous trouvons en première ligne la marine marchande, cette mère de tant d'industries, cette Cybèle de la production, qui n'occupe pas moins de 80,000 marins et ouvriers de tout genre, tant sur les fleuves que dans les ports ; race granitique, endurcie aux travaux, aux privations, à la souffrance ; cadre vivant de l'inscription maritime, pépinière inépuisable de notre marine militaire.

Nos colonies à sucre emploient à elles seules environ le 1/7 de cette population, c'est-à-dire 11 mille marins qui montent 7 à 800 navires du plus fort tonnage. Ces navires, ils dorment dans nos ports, et quand ils mettent à la voile, il leur arrive souvent de se lester avec des pierres !

Ces navires sont l'aliment, la providence, la seule ressource d'un grand nombre d'usines, fabriques et métiers de nos ports qui se livrent à l'armement. Ils occupent une véritable armée de constructeurs, charpentiers, menuisiers, forgerons, fabricants ou marchands de toile à voile, voiliers, poulieurs, marchands de cuivre, fondeurs, cloutiers, plombiers, fabricants de cordages, peintres, etc.

L'agriculture exporte pour nos colonies à sucre des mules, des chevaux, des vaches, des farines, du vin, du beurre, des viandes salées, des conserves alimentaires; elle fournit à la construction du bois, du chanvre, du goudron, etc.

L'industrie, proprement dite, fait aussi elle des exportations importantes qui consistent en tissus, meubles, étoffes de soie, rubannerie, chapellerie, chaussure, bijouterie, quincaillerie, impressions, livres, gravures, objets d'art, jouets d'enfants, sellerie, parfumerie, médicaments, produits chimiques, tapisseries, enfin ces milles délicieuses fantaisies qui constituent l'article de Paris, telles que les broderies, dentelles, lingeries, modes, fleurs artificielles. Ajoutons que la majeure partie des batistes de fil fabriquées en France est exportée aux colonies.

La somme de tous ces produits, compris ceux de l'agriculture, ne s'élève pas à moins de 68 millions de francs. Qu'on juge à quel point une foule d'industries, même parmi celles qui s'exercent dans l'intérieur du pays, sont intéressées dans la question des sucres, et combien les intérêts existants sont plus importants cent fois que ceux dont on nous montre dans un avenir incertain le vain simulacre !

Que deviendront ces industries et les nombreux ouvriers qu'elles occupent? Qui est-ce qui voudra se livrer à l'armement des navires quand ceux-ci n'auront plus rien à importer? Que deviendront les 11,000 marins qui font le trajet des colonies à la métropole? Iront-ils dans le Nord défricher des champs pour y planter de nouvelles betteraves ? Se feront-ils marchands pour vendre le sucre que leurs camarades fabriqueront? Voyez - vous Jean-Bart ou Cassard conduisant un atelage dans un champ du Pas-de-Calais ! Voyez-vous ces vieux loups de mer, habitués au roulis des vagues et aux tempêtes de l'Océan, tenir la bêche sous les ordres d'un fermier flamand, ou envelopper un pain de sucre chez un raffineur picard !

L'hypothèse n'est pas même admissible pour qui connaît le régime, le tempérament, les habitudes des hommes de mer. A un marin, il faut la mer. La mer est son berceau, sa maison, son tombeau. Si la France perdait la marine marchande, nos matelots ne changeraient point leur profession, et tous bons français qu'ils sont, ils préféreraient, sans aucun doute, s'engager dans la marine anglaise, hollandaise, suédoise ou américaine, que d'aller bailler, s'étioler et mourir dans un champ ou dans un atelier. Ainsi, non-seulement la France est menacée de perdre sa marine, mais elle est à la veille de voir lui échapper le personnel de son inscription maritime. Mais continuons. Depuis le commencement de la fabrication du sucre indigène, il lui a été accordé jusqu'à sa maturité une prime de 200 millions de francs. Qu'on ajouse une liste civile de 100 millions qu'il faudra sortir chaque année de la bourse du consommateur pour défrayer son triomphe, et on verra que c'est payer un peu cher le plaisir de manger du sucre national.

Il nous reste à parler de la fraude, ce casuel, ces fonds secrets de la betterave. Les quantités sur lesquelles elle s'exerce s'élevaient, d'après l'exposé des motifs du projet de loi de 1843, à 10 millions de kilog. par année. La production était alors de 50 millions ; c'est donc le cinquième. Des mesures ont été votées en 1845 pour réprimer cette fraude, mais néanmoins il est avéré qu'elle s'exerce sur une très-grande échelle. On peut affirmer qu'elle cause au trésor une diminution de revenu de 5 millions au moins. Le sucre colonial, au contraire, ne peut en aucun cas se soustraire à la surveillance de la douane. Ajoutons que le fisc est grevé en pure perte des frais de perception. On sait que l'impôt du sucre de betterave se recouvre par l'exercice, mode de recouvrement qui absorbe quelque fois 1/5 du revenu fiscal. Quant à la fraude, il n'y a qu'un moyen de la faire cesser, c'est d'abolir l'appât qui allèche la contrebande en abaissant l'impôt qui frappe tous les sucres de 20 fr. par 100 kilog.

Il nous reste un dernier argument à faire valoir, c'est la diminution que la culture de la betterave apporte dans la récolte des céréales. Les terrains occupés par cette racine pourraient produire un million d'hectolitres de grain. Si le sucre de canne se retirait totalement du marché

français, le déficit s'élèverait à 2,500,000 hectolitres et s'accroîtrait chaque année en raison
directe de la consommation du sucre. Il arrive-
rait qu'avant dix ans nous récolterions 7 à 8
millions d'hectolitres de froment de moins chaque
année, et comme nous n'aurions plus de marine
marchande, nous serions, dans une année de
disette, à la merci de l'étranger. Qu'on y songe.
La population augmente et vit surtout de pain,
Le grain se transporte lentement, difficilement,
à grands frais. Dans des circonstances normales
le blé se consomme autant que possible dans le
département même qui le produit. Qu'arriverait-
il si une ou deux contrées de la France n'en produisaient plus du tout ? L'existence de plusieurs
milliers de Français dépendrait ou des flots ou
des spéculateurs, et les intérêts de tous seraient
compromis par le renchérissement qu'occasionnent
la demande et les déplacements d'une marchandise si encombrante. On a essayé d'atténuer la
gravité de la crainte que nous signalons. On a
eu tort ; le fait est grave, très-grave.

La France ne récolte dans ses meilleures années pas plus de 76 millions d'hectolitres de blé,
ce qui établit une moyenne de 883,000 hectolitres par département. Donc, si le sucre de betterave fournissait aujourd'hui à la consommation de toute la France, le déficit qui se mani-
festerait alors était, comme nous l'avons vu plus
haut, de 2,500,000 hectolitres, trois départements français manqueraient de pain pour se
nourrir. Nous pouvons affirmer que les contrées
où se fabrique le sucre de betterave tirent déjà
du blé du département de la Loire-Inférieure ;
mais nous affirmons également qu'ils lui of-

frent en échange de très-jolis pains de sucre qui font l'admiration des confiseurs de la localité. Voilà une admirable compensation pour les pauvres !

Nous terminerons par quelques observations. La culture de la betterave à sucre enrichit, dit-on , l'agriculture des départements qui l'ont adoptée, et les cultivateurs sont loin de s'en plaindre. La preuve qu'ils en profitent, elle est dans le haut prix des fermages, dans le loyer de **la** terre qui va toujours s'élevant. C'est vrai, très-vrai; mais en quoi cela nofite-il à l'ensemble de la population ? Nous cherchons parmi elle cette richesse dont vous parlez, et voici ce que nous trouvons :

Le département du Nord compte un indigent sur 4 habitants, 3 sourds-muets , aveugles, fous et imbéciles sur 3900 habitants. Le nombre des suicidés et des criminels est trois fois plus grand que partout ailleurs, 1/3 des jeunes hommes que la conscription appelle sont réformés, Lille compte 1/3 de sa population sur les cadres de l'indigence, et les mendiants se promènent par troupes dans le département. Nous le demandons, où la mendicité est-elle plus hideuse et plus fatalement attachée au sol et à l'industrie? Cette terre si féconde ne peut nourrir ses pauvres, et si on la fouille, si on la fatigue, si on l'épuise, ce n'est point un exemple à suivre, c'est une fatalité à déplorer. Que ceux à qui cela profite s'écrient orgueilleusement, en voyant leurs fermages qui s'élèvent : Voyez comme la France prospère, libre à eux , mais nous pourrions leur répondre : La bonne agriculture ne demande à la terre que ce qu'elle peut produire :

Là ou le blé peut pousser, cultivez du blé; là ou des prairies artificielles peuvent avec leurs produits engraisser des bestiaux à l'étable, plantez des racines; mais là ou la canne à sucre croit spontanément, cultivez la canne à sucre et ne faites pas plus longtemps la folie d'épuiser la terre, le trésor, les bras de la France, pendant que sous le soleil du tropique une partie du nouveau monde reste désert, stérile et inculte!

XI.

Résumé. — Conclusion. — Bases de la nouvelle législation
des sucres.

Nous avons exposé la nécessité, en matière
économique, de sortir des voies ordinaires de
l'argumentation, et de faire abstraction du fait
accompli, quelle que soit son importance, pour
remonter aux sources natives de la production.
C'est en appliquant cette méthode à la question
qui nous occupe, que l'on découvre parmi cette
longue série de sucres que la nature a révélé à la
science, le véritable type du genre, c'est-à-dire
le sucre de canne. Que les autres sucres présentent, aux yeux du chimiste, des propriétés sem-
blables ; qu'ils soient considérés, dans la loi des
équivalents, comme des substances isomorphes,
c'est-à-dire, de même forme et pouvant, vis-à-
vis d'autres corps, se substituer l'une à l'autre,
c'est incontestable ; mais là n'est pas la question.
Ce qni distingue le sucre typique, c'est la préférence spontanée du consommateur et le choix raisonné du producteur, tant pour l'agrément de
son goût, que pour la facilité de son extraction
Or, c'est là précisément les conditions dans lesquelles le sucre de canne se présente.

Nous avons signalé les procédés barbares de
sa fabrication aux colonies, procédés qui lui en-
lèvent ses qualités les plus recommandables et
détruisent complètement ce doux arôme *sui generis* connu seulement des habitants des colonies
à sucre. D'un autre côté, nous avons mis en pa-
rallèle l'odeur âcre, pénétrante, du sucre de
betterave, odeur que les procédés de fabrication
les plus parfaits ne peuvent éliminer, et qui ne

disparaît qu'au raffinage pour se retrouver en-suite dans les produits inférieurs de 3ᵉ ou 4ᵉ jet, et, finalement, dans la mélasse. Ce dernier pro-duit est véritablement exécrable et n'est propre qu'à la distillation. Nous avons cru devoir appeler l'attention des distillateurs du Midi sur la com-pétition probable de ces alcools avec les 3/6 qu'ils destinent à l'industrie.

Nous avons, ensuite, fait connaître le rôle du sucre dans l'économie animale, afin d'arriver à déterminer, d'une manière rationnelle, les lois de sa consommation et le chiffre normal auquel elle peut s'élever dans l'avenir. Nous avons vu que les populations vouées au régime alimentaire animal, par suite de leurs fonctions industrielles et de leur agglomération sur un petit nombre de points, tendent progressivement à consommer davantage de sucre; et que, sous ce rapport, la France ne tardera pas à s'élever au niveau de l'Angleterre, de la Hollande, de la Belgique, de la Suisse, des Etats-Unis, c'est-à-dire à une con-sommation triple de ce qu'elle est aujourd'hui. Que si on tient compte du surcroît qui sera occa-sionné par l'avènement certain des classes pauvres au bien-être auquel elles ont droit, on peut affirmer hardiment qu'il se consommera, avant dix ou vingt ans, 500,000,000 kilog. de sucre en France.

Ce sucre, où faudra-t-il aller le chercher? C'est ce que nous pensons avoir résolu irréfraga-blement en mettant en regard, non la miniature industrielle d'aujourd'hui, mais le tableau de la production de l'avenir; c'est-à-dire, d'un côté, une partie de l'Asie, la moitié de l'Amérique et toutes les Antilles, se livrant à la culture de la canne à sucre ; de l'autre, deux ou trois morceaux de l'Artois, de la Flandre et de la Picardie, montrant orgueilleusement leurs petits champs, leurs petits intérêts et leurs petites racines.

De quoi s'agit-il, en définitive, et quel est le véritable caractère de la lutte engagée ? Serait-ce par hasard trois départements en collision industrielle avec trois colonies ? Quelques centaines de capitalistes luttant contre quelques centaines de colons ? Non, assurément. Il s'agit d'autre chose. C'est le système fédéral aux prises avec le système unitaire ; c'est l'esprit du passé contre l'esprit de l'avenir; c'est l'industrie de serre-chaude de quelques provinces qui jette un défi à la libre industrie du monde ; c'est une petite fourmilière de producteurs qui tend à s'isoler et à régner par le monopole. En conscience, nous le demandons, à qui sera la victoire ; et comment croire que Lille, Valenciennes, Cambrai puissent lutter contre Ceylan, le Mexique ou les Indes-Orientales ? Voilà toute la question.

On a parlé de monopole colonial ; mais nous avons réfuté cet argument, si souvent invoqué, et montré combien les craintes de payer le sucre trop cher sont chimériques. Avant l'apparition du sucre de betterave, le sucre anglais faisait concurrence aux sucres espagnols, et celui des colonies françaises entrait en compétition sur tous les marchés européens. Demandez à nos colons si l'introduction à droits égaux des sucres du Brésil ou des Indes ne les forcerait pas bientôt à niveler leurs prix en perfectionnant leurs procédés.

En suivant la canne à sucre dans ses nombreuses transmigrations, nous avons fait connaître les essais infructueux tentés en Provence pour y naturaliser cette plante. L'érable et le raisin éprouvèrent le même sort et donnèrent pareillement des résultats négatifs. On connaît les circonstances qui accompagnèrent l'apparition de la betterave à sucre, et la position exceptionnelle où était la France lorsque le gouvernement impérial lui accorda sa protection. C'est à l'aide, seulement à l'aide de cette protection, qu'elle put vivre, comme c'était à la faveur, rien qu'à la faveur de la guerre, et Dieu sait quelle guerre! qu'elle put naître. Il ne faut pas l'oublier, la fabrication du sucre indigène fut une manifestation de l'esprit de guerre, une menace, un défi, plutôt une arme qu'une industrie. Ainsi le comprenait Napoléon, qui, en voulant enlever aux Anglais la grande route des Indes, et, postérieurement, ces magnifiques possessions elles-mêmes, n'eût pas laissé, assurément, leurs immenses champs de cannes en jachère, pour le bon plaisir de quelques gros fermiers, qui s'imaginent que leur industrie est la première en règne, parce qu'elle est la dernière en date.

La restauration ne fit pas grand cas du sucre indigène, et il serait mort sans le dévouement de quelques capitalistes et l'énergie d'un petit nombre de fabricants, apôtres des saines doctrines, gardiens du feu sacré, comme disait Mathieu Dombasle. Il ne mourut point, et la révolution de juillet le trouva très-bien portant. Depuis cette époque, la fabrication du sucre indigène, profitant habilement des progrès de la chimie, de la mécanique et de l'industrie en général, grandit progressivement. Nous avons exposé minutieusement les progrès et le chiffre actuel de sa production, chiffre formidable à ce point, qu'au moment où nous écrivons, la plupart des raffineries des ports de mer ont suspendu leurs travaux, ne pouvant plus longtemps, dans les conditions actuelles, soutenir la concurrence.

Il est un remède à cette désastreuse situation. Ce remède, nous l'avons cherché. Nous avons dû commencer par analyser la fabrication du sucre colonial, et constater si, avant de réclamer, le concours du législateur, le planteur et le fabricant n'avaient pas des reproches à se faire, et une certitude d'amélioration à présenter. Qu'avons-nous trouvé ? D'un côté, l'exploitation des sucreries aux mains de géreurs inhabiles, de commandeurs inhumains, d'esclaves stupides ; de l'autre, une législation surannée, plaçant les colonies en dehors du droit commun; un fisc aveugle, frappant les produits d'un impôt égal à leur valeur, et des droits différentiels qui, sous le prétexte de protéger le raffineur, découragent le planteur et abâtardissent la production. Nous avons dit au gouvernement : Faites la part moins large au fisc et plus belle au consommateur ; abaissez ses droits d'entrée et supprimez la classification par types. Nous avons dit aux colons : Joignez-vous à nous pour réclamer; et puis, cet encouragement obtenu, changez vos procédés, perfectionnez votre fabrication, réformez votre personnel, et un grand pas sera fait.

Entrant dans le détail des opérations d'une sucrerie, sans parler des vices dans les méthodes de culture, nous avons trouvé la routine des vieilles traditions, là où il faudrait l'esprit industriel du siècle : défaut de puissance dans les opérations mécaniques, défaut de méthode dans les opérations pyrotechniques ; une partie du sucre laissée dans la bagasse, une autre partie décomposée par l'action du feu. Nous avons dit les avantages qui résulteraient de l'adoption de moulins perfectionnés, d'appareils à cuire dans le vide et de l'emploi général de la vapeur dans la sucrerie. Nous avons prouvé, par des chiffres, le bénéfice énorme qui résulterait de l'emploi de la houille à la place de la bagasse, bénéfice dont la marine aurait sa part, puisqu'elle y trouverait une marchandise encombrante comme lest et un fret avantageux.

Convaincu des avantages que nous signalons, avantages auxquels un rapport de M. Peligot donne un caractère officiel, nous avons demandé l'intervention du législateur et dans l'intérêt du producteur de la colonie, et dans celui du consommateur de la métropole.

En exposant les progrès de la betterave, nous avons prouvé, en remontant à leurs sources, que ces progrès ne pouvaient être revendiqués, en tant qu'invention, par ceux qui les appliquent ; et que, n'étant point inhérents au sol ni à l'industrie du Nord, ils ne seraient jamais un privilége de localité, ni le monopole de quelques individus. Nous avons établi, que la fabrication du sucre indigène n'avait fait des progrès si rapides, qu'en participant au mouvement industriel du siècle et en profitant habilement de toutes les innovations qu'elle pouvait s'approprier. Nous avons ajouté : ces progrès, ils sont à qui les comprend ; ces procédés, ils appartiennent à qui les achète. Ayez donc, d'un côté, des hommes intelligents au lieu d'esclaves abrutis, de l'autre, des capitaux..... Mais là est la difficulté. Les plantations sont grevées d'hypothèques, les colons manquent de crédit. Les deux éléments de toute industrie, capital et travail, font défaut. Où est la cause du mal? elle est dans notre système colonial.

Qu'est-ce que ce système, qui tarit les sources de la production et ne sait, ni appeler les capitaux qui manquent, ni feconder ceux qui existent? Un compromis entre la liberté et l'arbitraire, un contrat qui implique vassalité d'un côté; suzeraineté de l'autre; droit commun pour la métropole, exercice de ce droit impossible pour la colonie, dans la limite du contrat. Et cependant, déjà la France viole la foi écrite en tolérant sur son territoire une industrie similaire à l'industrie coloniale! Après cela, au nom de quel droit forcerions-nous les colons à ne pas s'approvisionner chez les étrangers, par des navires portant pavillon étranger, des produits dont ils peuvent avoir besoin? Quelle serait la légalité de nos réclamations s'ils nous contestaient ce monopole?

Nous l'avons vu, colonies et métropoles s'agitent respectivement dans un cercle vicieux et s'attribuent des torts qui, aujourd'hui, ne peuvent être imputés à personne, mais sont tout simplement dans la situation. Cette situation, elle a été faite par le progrès des idées en matière politique, philosophique, et économique, progrès qui amènent la réalisation de certains principes. Quels sont ces principes?

En politique : Indépendance absolue de tous les états, qu'ils soient sous l'empire de la même constitution , où, réunis par un pacte fédéral volontaire;

En philosophie : Abolition absolue et universelle de l'esclavage ;

En économie politique : Liberté industrielle
et commerciale subordonnée aux lois scientifiques
de la production et des échanges.

C'est au nom de ces principes, principes que
nous n'avons pas faits mais qui existent dans tous
les esprits, que nous acceptons dans les faits ;
principes plus forts que la tradition, les préjugés
et la nature des choses, c'est en leur nom que
nous demandons la révision ou plutôt l'abolition
de la législation coloniale, c'est-à-dire :

1° La réunion politique des colonies et de la
métropole ;

2° L'émancipation immédiate de tous les esclaves ;

3° Liberté réciproque dans la production et les
échanges.

La situation anormale dans laquelle se trouvent Bourbon et les Antilles est sans exemple dans
l'histoire des colonies. Cette situation peut-elle
subsister plus longtemps, et les intérêts qui y
sont attachés sont-ils assez puissants pour con-
trebalancer les intérêts de l'avenir? Nous ne le
croyons pas, et nous avons dit pourquoi.

Il adviendra donc qu'au premier coup de canon, au premier souffle de liberté, nos colonies,
les colonies étrangères, tout un monde vassal se
détachera d'un monde suzerain, et qu'il n'y aura
plus alors ni colonies, ni métropoles, ni maîtres,
ni esclaves; mais des nations libres, isolées,
unies ou confédérées, dont les produits viendront
en concurrence avec les nôtres sur les mêmes
marchés. Dépendants de l'Amérique pour le
café, le cacao, les épices et une foule d'autres

produits, pourrons-nous nous affranchir de la quantité énorme de sucre qu'il faudra fournir à la consommation ?

En le fabriquant en France, oui ; mais nous avons vu à quelles conditions désastreuses, c'est-à-dire au moyen d'une protection annuelle de 100 millions, représentant la différence du prix rémunérateur des deux sucres, 30 cent. pour l'un, 50 cent. pour l'autre.

Argumentant dans l'hypothèse du maintien de la fabrication du sucre de betterave, nous avons dû chercher si ce monopole serait avantageux à la France, et quelles compensations il pourrait apporter à l'anéantissement presque total de notre marine marchande et du commerce d'exportation qui l'alimente. Quelles sont ces prétendues compensations ?

L'intérêt de l'agriculture ? Nous avons prouvé que l'intérêt seul de quelques capitalistes et propriétaires était en cause, et que le régime des assolements, qui sert de prétexte, pourrait se pratiquer sans le concours de la betterave.

L'élève du bétail ? Nous avons prouvé que cette question était hors de cause, en nous appuyant surtout sur l'exemple de l'Angleterre et de l'Ecosse, dont les éleveurs n'ont point cependant la ressource de la betterave à sucre pour arriver à une production hors de toute comparaison avec la nôtre.

L'abolition de l'esclavage ? Le principe de l'abolition a été appliqué avant l'apparition de la fabrication du sucre de betterave ; il le sera encore sans son concours, parce que la liberté est de toutes les zônes, et compatible avec toutes les industries rationnelles.

La crainte d'une guerre maritime? Chimère d'esprits rétrogrades, anxiété de sibarites, peur de cuisinières dans l'âme de monopoleurs. Ét puis, nous l'avons dit, les Etats-Unis ont la plus belle marine marchande de l'univers, et un peuple qui n'a pas craint, naguère, d'entrer en lutte avec l'Angleterre, serait assez fort pour faire respecter le droit des neutres envers et contre tous : nous verrions au milieu de nos orages, le pavillon de l'Union se promener partout sûr les mers, libre, fort et sans crainte comme la force, comme le droit, comme l'avenir.

Tels sont les principaux arguments qu'on a coutume de faire valoir en faveur du sucre indigène. Nous croyons les avoir réfutés victorieusement. La conscience de nos lecteurs est suffisamment éclairée pour qu'il ne nous reste plus qu'à conclure.

Considérant l'industrie du sucre de betteraves, comme une industrie qui ne trouve sa raison d'être que dans des circonstance subversives, temporaires, anormales, dont il est impossible de tenir compte aujourd'hui, parce qu'il est certain qu'elles ne peuvent se présenter désormais ; considérant qu'elle a été coûteuse dans le passé, qu'elle est ruineuse dans le présent, désastreuse et inutile dans l'avenir, nous demandons, au nom de la science, de l'industrie et des intérêts du pays, son interdiction absolue et la suppression immédiate des fabriques.

Pour combler le déficit qui se manifestera dans la production générale, immédiatement après la suppression des fabriques de sucre de betterave, déficit auquel les colonies françaises ne pourront suppléer qu'en partie, nous demandons la diminution graduée de la surtaxe qui frappe les sucres étrangers, de telle sorte qu'au bout de cinq ans, à partir de la promulgation de la loi, les droits sur les sucres français et étrangers soient les mêmes, en tenant compte toutefois de la différence des frets selon la distance ou le pavillon.

Durant ces cinq années, nos colonies auront le temps de se préparer à soutenir cette nouvelle concurrence ; et, la diminution annuelle de 4 francs en moyenne, jusqu'à la péréquation, ne sera pas assez considérable pour leur enlever totalement notre marché. Ajoutons que la suppression des types, corollaire obligé de la mesure que nous proposons, les favoriserait singulièrement dans leur fabrication, et serait pour les colons une source spontanée de grands bénéfices. Quant à l'admission sans surtaxe des sucres blancs, ce serait la ruine des raffineurs de la métropole. C'est une question d'avenir.

Nous proposons, en outre, dans l'intérêt des consommateurs, et sans préjudice des revenus du trésor, une diminution de 20 francs par cent kilogrammes sur les droits d'entrée des sucres de toutes provenances.

En résumé, voici les bases de notre projet :

1. Interdiction de la fabrication du sucre de betterave. Rachat des fabriques et de leur matériel. Vente de ce matériel au compte de l'état.

2. Abaissement annuel de la surtaxe sur les sucres étrangers jusqu'à la péréquation. Compensation des frets par une augmentation ou diminution relative du droit d'entrée.

3. Encouragement accordé à la marine nationale par une augmentation raisonnée du droit

sur les sucres transportés par navires étrangers.

4. Suppression des classifications et types. Egalité de droits sur les sucres de toutes nuances, français ou étrangers. Maintien de la surtaxe actuelle sur les sucres blancs.

5. Diminution de 20 fr. par 100 kilog. sur les droits d'entrée de tous les sucres. Remboursement du droit à l'exportation des sucres raffinés.

Tels sont nos principes sur la législation des sucres. Nous avons exposé le mal, que nos lecteurs jugent le remède.

FIN.

www.ingramcontent.com/pod-product-compliance
Lightning Source LLC
LaVergne TN
LVHW020542060726
842525LV00004B/1274